KB097729

박찬용
잡지 에디터. 서강대학교 영미어문학과를 졸업하고
내내 라이프스타일 잡지 업계에서 일했다. '라이프스타일'이라
부르는 소비생활의 여러 요소를 조사하고 취재해 지면 정보
형태로 정리해 왔다. '한국에서 프로 잡지 에디터 직군이
성립 가능한가'와 '서울에서 선진 잡지형 콘텐츠 비즈니스가
지속 가능한가'를 계속 고민하고 있다.
2023년 현재 남성 패션 잡지 『아레나옴므플러스』
피처 디렉터다. 『요즘 브랜드』 『모던 키친』 등 대도시의
라이프스타일과 소비생활에 관련된 책을 냈다.

좋은 물건 고르는 법

좋은 물건 고르는 법

현명한 소비생활을 위하여

박찬용 지음

ዳ유유

들어가는 말

정보와 판단

여러분이 무엇을 하고 계시며 앞으로 무엇을 하시든 여러분은 주어진 자원으로 뭔가를 사면서 살아가게 될 것이다. 그때 약간의 정보나 맥락을 알고 있다면 소비 활동 시 의사 결정에 도움이 될지도 모른다. 이 책은 볼펜, 후디, 책가방, 운동화, 니트, 안경 등 실생활에서 사서 쓰곤 하는 소비재에 대한 일종의 가이드북이다. 이 가이드북을 시작하기 전에 이런 책의 저자가 누구이고 왜 이런 책을 만들게 되었는지 짧게 읊어 보려 한다.

나는 한국 라이프스타일 잡지 업계의 에디터로 일하고 있다. 다양한 물건을 구경하고 만져 보고 이런저런 자료를 모으고 실제로 써 보거나 써 본 사람들의 이야기를 모아 그에 관한 정보를 만드는 일을 한다. 나의 소속 매체나 주요 고객은 계속 달랐으나 나의 직무였던 생활 정보 편집 제작 대행업은 변한 적이 없다. 다양한 상품 정보와 홍보 자료 그리고 그를 둘러싼 사람들의 질문과 체험담과 소문과 정보 사이에 묻혀 남들이 읽는 정보를 만들며 사회생활을 했다.

이 글을 읽으실 여러분과 나는 비슷한 점보다 차이점이 더 많을 것이다. 우선, SNS나 가상 세계에는 익숙지 않아 제페토 계정도 없고 동창 단톡방도 없다. 또한 여성이 아니므로 여성들이 쓰시는 물건에 대해서는 근원적 이해도에 한계가 있다. 여러분이 누구든 간에 자주 이용하는 온라인 커뮤니티가 어디인지도 모른다. 여러분과 나의 공통점은 같은 인종이라는 점과 같은 언어를 쓴다는 점밖에 없지 않을까. 요즘은 한반도도 다인종화가 진행되고 있으니 같은 인종이 아닐 수도 있다. 그러니 이 책에서 다룰 물건은 누구나 살면서 한두 번은 마주칠 물건들로 골라 보려 했다.

여러분과 나의 공통점도 있다. 극심한 정보 비대칭 상황에 놓여 있다는 점이다. 우리는 모두 각자 분야의 전문가인 동시에 자신의 분야를 제외한 모든 분야에서는 문외한이다. 그건 유사 이래 열람 가능한 정보의 양이 가장 많은 지금 세상에서도 마찬가지다. 특정 정보를 어디서 열람하면 좋을지에 대한 정보를 알 수 없고, 개별 정보의 가치를 판단하기도 쉽지 않기 때문이다.

쓸모 있는 정보 찾기는 은근히 어려운 일이다. 정보는 종종 원석 속 성분처럼 잡동사니 사이에 섞여 있다. 혹은 유료 결제 등 대가를 치르고 구입하는 패키지 속에 들어 있다. 결정적으로 가장 확실한 정보는 여전히 대부분 웹에 공유되지 않는다. 인터넷상에서 공짜로 습득할 수 있는 정보는 뇌파 같은 거라고 생각한다. 뇌파는 뇌의 활동을 보여 주지만 정확히 어떤 일이 일어나고 있는지 알려 주지는 못한다. 소비 정보나 관련 뉴스도 마찬가지다. 그런 것은 세상이 돌아가고 있다는 신호, 뭔가를 유추할 수 있다는 신호다. 동시에 100퍼센트 신뢰할 만큼 해상도 높은 정보가 아니다.

특히 상품 소비에 대한 정보는 광의의 광고다. 럭셔리든 가성비든, 자사에서 내보내는 광고라면 자사의 입장이 들어갈 수밖에 없다. 누구의 입장에도 속하지 않으려면 소비 정보를 만드는 어딘가가 독립적으로 일하며 수익을 만들어야 한다. 소비자 지향 정보를 만드는 상품과 시장은 여러 이유로 점점 줄어드는 추세다. 그러니 여러분이 어떤 정보가 필요해 검색을 하더라도 이모티

콘으로 가득한 포스팅을 보다가 맨 마지막 줄에 "문의는 전화나 비밀댓글로 주세요~*^^^*" 같은 글귀와 마주치는 것이다. 그 정보들은 공짜가 아니니까.

다행히 알고자 하면 알 수 있는 정보도 생각보다 많다. 예를 들어 아이스크림의 당도는 일반인도 쉽게 측정할 수 있다. 당도 측정기가 있기 때문이다. 당도 측정기의 원리는 당도의 시각 정보다. 당을 함유한 액체는 물보다 끈적하고, 끈적하기 때문에 눈으로 봤을 때 탁하다. '탁한 액체일수록 당도가 높으니 맛을 보지 않고 시각적으로 탁도를 측정해 당도를 가늠한다'는 게 당도 측정기의 원리다. 이 당도 측정기는 일반인용으로도 상당히 정밀한 게 나와 있다. 그러므로 당도 측정기와 무게당 나트륨을 비교하면 요즘 유행하는 '단짠비'를 수치로 나타내거나 비교하는 일도 충분히 가능하다. 실제로 나는 모 기업의 의뢰로 아이스크림 20종에 대한 비교 원고를 만들며 해당 제품의 당도를 모두 측정하고 비교했다. 이 책에 들어간 원고는 모두 이런 자세로 만들어졌다. 명확한 정보를 이해하기 쉽게 전하려 했다.

내가 이런 원고를 만들게 된 이유는 이른바 '최고의 ○○' 하는 식으로 간단히 정리하기 위해서가 아니었다. 가격 등 눈에 보이는 지표를 활용해 '착한 ○○' 같은 걸

정하려 하지도 않았다. 반대로 나는 '착한 가격'이라는 말의 어폐를 보여 주고 싶었다. '착한 가격'처럼 말로만 착하고 사실은 폭력적인 축약 개념은 쓰지 말아야 한다고 생각해 왔던 것이 이 책을 쓴 계기이기도 했다.

품질과 가격 결정에는 여러 가지 상수와 변수가 작용한다. 예를 들어 A아이스크림은 단순히 얼려서 만든다. B아이스크림은 속에 잼이 있고 그 위로 쫀득한 찹쌀떡이 알알이 박힌 아이스크림이 얹히며 그 위로 한 번 더 초콜릿 코팅이 들어간다. B가 A보다 20퍼센트 비싸다면, 가격이 저렴한 A아이스크림이 '착한 아이스크림'인가, 아니면 다양한 제법을 써서 먹는 재미를 더했지만 가격은 20퍼센트를 올린 B아이스크림이 '착한 아이스크림'인가.

이런 혼란은 잘못된 표현 선택에서 온다. 가격이라는 가산명사에 '착한'이라는 비가산적 수식어를 붙였기 때문에 소비자이자 언어 생활자인 보통 사람들이 혼란을 느끼기 쉬울 수밖에 없다. 복잡한 세상을 너무 짧게 정리하려다 보니 앞뒤가 안 맞는 축약본 표현이 나온 셈이다. 이 책은 물건 가이드이기도 하지만 복잡한 세상의 단면에 관한 기록이기도 하다. 나는 복잡한 세상의 복잡성을, 최대한 알기 쉬운 방법으로 보여 주려 했다. 몇 가지 물건이라는 예시를 통해서.

이런 이야기의 한계는 덜 선언적이고 그만큼 유보적이라 화끈하지 않으니 덜 선동적이라는 점이다. 그래서 이 책에서 내가 할 이야기는 덜 단언하는 만큼 유보적이고 덜 선동적인 만큼 화끈하지 않다. 아이스크림을 다시 예로 들면, 그래서 어떤 아이스크림이 좋은 아이스크림이냐 물으신다면, 나는 '편의점이라는 전국 단위 판매망을 타고 여러분에게 올 수 있는 정도의 아이스크림이라면 어느 정도는 모두 품질을 인정받았다'고 대답할 수밖에 없다. 내가 배앓이를 감수하며 20여 개의 아이스크림을 일일이 먹어 보고 실제로 내린 결론이기도 하다.

아이스크림이든 볼펜이든 후디든 모든 제조업 결과물은 사정이 있다. 모든 물건에는 각자의 한계가 있다. 품질과 가격은 함께 상승한다. 편의성과 디자인은 때에 따라 반비례할 수도 있다. 모든 제조업 결과물은 각자의 한계 안에서 최대한의 노력과 연구와 최적화를 거친 결과물이다. 물론 그 안에서 개인의 기호나 절대적 완성도에 따라 인기가 갈릴 수는 있겠으나 과락 수준의 완성도를 가진 물건은 요즘 세상에 많지 않다.

물건 고르는 가이드북을 적는 이유는 '세상에 이렇

게 좋은 물건이 있는데 그걸 모르고 여러분은 속고 있다' 같은 말을 하려는 게 아니다. 모든 제작자는 (여러분처럼) 모두 절실한 사정이 있다. '어떤 분야에서는 이거 하나 사면 끝이다' 같은 말을 하려는 것도 아니다. 세상에 '○○ 분야에서 이거 하나 사면 끝' 같은 물건은 없다. 그런 단언을 하는 사람들과 그런 말을 듣는 손님들로 이루어진 비즈니스만 있을 뿐이다. 나는 그 모든 사정과 그 사정 사이에서의 최선을 존중하려 했다.

책이나 기사 등 문자로 이루어진 세상을 보다 보면 먼지와 진액이 가득한 실물 세상이 하찮고 엉성하고 지저분해 보일 때가 있다. 요즘 같은 세상에도 책을 읽는 독자 제위들은 더욱 예민하실 테니 더더욱 그리 느끼시리라 생각한다. 그러나 세상은 우리 생각보다 훨씬 복잡하며 그 모두에는 나름의 사성이 있다. 겨울에 입는 니트 하나에도 국제 정세가 얽혀 있다. 집 앞에서 파는 볼펜에도 글로벌 산업의 고민과 한계가 들어 있다. 이른바 어른이 되는 건 그 복잡한 체계를 이해하며 그 일부가 되는 것이다.

복잡한 세계를 조금씩 이해하는 일은 종종 허탈하기도 하지만 하루하루 더없이 흥미로운 일이기도 하다. 세상의 복잡함을 이해하기 위해 멀리 갈 필요도 없다.

우리 주변의 물건들을 이리저리 관찰하고 그것들에 대해 생각하거나 알아보기만 해도 복잡한 세상이 반 페이지쯤 열린다. 나는 일상 속 물건에서도 세상의 복잡함과 그 재미와 아름다움을 볼 수 있다고 생각한다. 이 책은 그 생각과 정보를 모아 원고라는 형태로 정리된 텍스트 뭉치다. 여러분의 의사 결정과 소비 생활에 작은 도움이 되길 바란다.

{1}
후디

남녀노소 후디를 입는다 해도 큰 과장은 아닐 것이다. 2023년 12월 1일 현재 한창 블랙프라이데이 세일 중인 쇼핑몰 '무신사'에서 '후디'를 검색해 보니 통합 123,453개의 검색 결과가 나왔다. 가장 많은 건 반팔 티셔츠이고 맨투맨/스웨트셔츠와 후드 티셔츠가 그 뒤를 따른다. 많은 사람이 찾는 만큼 다양한 취향과 목적에 부합하려 후드 티셔츠 한 품목 안에서도 카테고리가 세분화되어 있다. 수많은 후디와 스웨트셔츠들이 전국의 옷장에 접혀 있거나 누군가의 몸을 감싸고 있을 것이다. 나도 지금 후드 티셔츠를 입고 원고를 적고 있다.

좋은 후디에 대해 생각해 보기 위해 옷의 이름으로

부터 생각을 시작해 보았다. 후디는 이름이 복잡하다. 맨투맨/스웨트셔츠, 후드 티셔츠 등등. 이 이름들이 왜 다를까. 옷을 사고파는 사람들 사이에 말만 통하면 되지만 정식 이름을 찾아보는 일은 개념을 분명하게 할 수 있다는 점에서 나름의 의미가 있다.

'모자 달린, 편하게 입을 수 있는 운동복'의 가장 정확한 명칭은 '후디드 스웨트셔츠'라고 봐야 한다. 스웨트셔츠에 후드(모자)가 붙었다고 보면 된다. 실제로 예전 스웨트셔츠나 그때 디자인을 모방한 스웨트셔츠를 보면 형태적으로 티셔츠와 모자 부분이 완전히 다른 것도 볼 수 있다. 그건 이 옷이 스웨트셔츠로 먼저 만들어졌다가 모자가 추후에 붙었음을 암시한다.

스웨트셔츠sweatshirt라는 이름도 생각해 볼 만하다. 왜 '땀 셔츠'일까. 운동복으로 만들어졌기 때문이다. 서양 일상복의 상의는 단추 개수가 줄어드는 방향으로 발전했다고 볼 수 있다. 상의를 입는 방식에 따라 나누면 크게 두 종류가 남는다. 셔츠나 재킷처럼 전방이 트여 좌우로 팔을 꿰어 입고 단추로 상체 전방을 여미는 방식, 그리고 상의가 한 통으로 재단되어 머리 위에서부터 덮어쓰는 방식이다. 후자는 섬유에 나름의 신축성이 있는 울·면·합성 섬유 등으로 만든다. 스웨트셔츠는 후자에 속한다.

스웨트셔츠는 1920년대 미국인의 운동복으로 만들어진 덮어쓰는 옷이다. 그때만 해도 운동복 소재에까지 울이 쓰였다. 울 운동복은 입기 까슬까슬하니까 몸을 따뜻하게 덥히면서도 거칠지 않은 면 소재로 운동복을 만들기 시작했다. 그게 스웨트셔츠의 유래다. 그중 후디드 스웨트셔츠는 비가 와도 입을 수 있도록 스웨트셔츠에 모자를 붙이게 된 변형 스웨트셔츠라 보면 되겠다.

100년 전 이야기는 이만하고 2020년대의 인터넷 쇼핑몰을 보자. 이 글을 읽는 여러분은 어떤 기준으로 스웨트셔츠를 고르는 게 좋을까. 100년 전의 미국 대학생들에게는 옷을 고르는 별다른 기준이 없었다. 그들은 '콜리지 숍'이라는 학생용 옷 가게에 가서 학교 로고가 붙어 있는 스웨트셔츠나 질긴 바지 같은 걸 우르르 사서 입었다. 패션이라기보다는 유니폼에 가까운 옷이었으나 훗날 랄프 로렌이나 일본의 아메리칸 캐주얼풍 디자이너들에게 디자인 레퍼런스의 원천이 된다. 이 사람들이 만들어 낸 스타일링이 지금 여러분의 옷차림 공식에도 미묘한 영향을 주고 있다. 그 미묘한 영향을 굳이 알아볼 필요는 없을뿐더러 여러분은 실생활을 살아야 하니 인터넷 쇼핑몰의 기준을 보는 게 낫다.

후디는 한 인터넷 쇼핑몰에 올라가 있는 것만 해도 십여만 개가 넘으니 기준도 많다. 수십 개의 브랜드·실측 치수·색깔·가격·할인율·쇼핑몰 추천순까지. 이 복잡한 기준에는 공통점이 있다. 품질과 직결되는 연관성이 없다는 점이다. 브랜드나 가격, 색깔이나 실측, 쇼핑몰의 추천과 실제 품질 사이에는 큰 관계가 없다. 실측 치수나 색깔은 이 옷의 내구성과는 큰 상관이 없다. 이를테면 물건의 품질과 직결되는 재봉 품질이나 면 함량 같은 건 인터넷 쇼핑몰의 '상세 검색 분류' 기준에는 아직 나와 있지 않다. 후디의 품질은 무엇으로 가늠해야 할까? 다행히 내 주변에는 물어볼 사람들이 좀 있었다.

"후드를 쓰지 않았을 때 후드가 서 있는지 봅니다." 패션 브랜드에서 홍보와 마케팅을 담당하던 A군의 대답이다. '후드가 서 있는가'는 후디의 품질을 한마디로 요약하는 말과도 같다. 후드가 서는 후디가 되기 위해서는 몇 가지 조건이 선행되어야 한다. 일단 원단이 어느 정도 두꺼워서 그 자체로 힘이 있어야 한다. 후드가 선 채 모양이 예쁘려면 의상 디자인의 패턴 면에서 후드의 디자인 자체도 좋아야 한다. 후드를 이루는 천은 보통 두 개의 패턴으로 구성되어 있다(여러분도 집에 있는 후드를 찾아서 한번 펼쳐 보시라). 개중 후드 모양에 신경 쓴 후디는 좌측-중간-우측으로 이어지는 세 장의 천으로 후드를 구성하기도 한다. 그만큼 입체적이라 머리에 썼을 때 편할 것이다.

아울러 A군은 후드와 함께 리브rib를 본다고도 했다. 스웨트셔츠에서의 리브는 소맷단이나 옷의 아랫단 등 바람이 들어올 만한 부분을 조여 주는 부품을 말한다. 리브 역시 후디의 디자인과 품질에 눈에 띄는 영향을 미친다. 일단 리브가 탄탄하지 않은 스웨트셔츠는 몇 번 입고 빨고 나면 리브가 늘어나 버린다. 늘어난 리브를 개인적으로 좋아하는 건 각자의 자유지만 그걸 좋은 품질이라 말하기는 힘들겠다. 반대로 내 손목에 너무 딱 맞아서 옛날 혈압계처럼 내 손목 정맥과 동맥을 압박하는 후디도 가끔 있다. 팔목이 가는 사람은 모르겠지만 팔목이 굵은 사람이라면 이런 것도 신경 쓰이는 부분이다. 품질을 자랑삼는 후디 중에는 처음에는 리브가 조이다가도 몇 번 빨다 보면 입기 편하게 되는 후디도 있으니 참고하는 게 좋겠다.

A군의 이야기에서 배울 수 있는 건 품질을 보는 눈이다. 인터넷 쇼핑몰에서 정해 둔 기준인 가격이나 색상 같은 요소만으로 구체적인 요소를 판단하는 눈을 갖기는 쉽지 않다. 쇼핑몰 검색 필터에 '후드가 서는가' 같은

항목은 앞으로도 쉽게 나올 듯하지 않다. 후드 말고도 세상의 많은 물건에 자신의 기준을 정해 보면 세상을 보는 방법도 달라진다. 그 기준이 절대적으로 맞느냐가 아니라 나에게 맞는지가 중요하다.

A군이 후디의 모자에 신경 쓴 이유는 스스로 생각한 자신의 체형 때문이기도 하다. 후디의 모자는 축 늘어져도 그만이다. 특히 여름 여행 같은 걸 갈 때 후디를 챙길 때는 모자가 얇은 편이 좋다. 여름이어도 상비약처럼 긴팔 옷을 하나 챙긴다면 둘둘 말거나 얇게 접었을 때 부피가 작은 것이 좋다. A군은 자신의 어깨가 좁다고 여긴다. 그래서 모자를 벗었을 때 후드가 축 늘어지는 옷을 좋아하지 않는다. A군의 기준은 자신의 체형을 최우선 상수로 둔 도출 결과라 볼 수 있다. 그러니 A군 자신에게 합당하다. 이렇듯 스스로를 위한 기준을 정하면 삶의 여러 선택이 간편하고 견고해진다. 옷을 고를 때도, 그 상황을 넘어서도.

이 원고는 처음에 고등학생에게 읽힐 걸 상정하고 쓰였다. 그래서 원고 취재를 할 때는 A군에게 '후디를 사려는 고등학생에게 만류하고 싶은 것'을 물었다. A군은 두 가지를 말했다. 과장된 실루엣을 좋아하지 말 것. 그리고 프린트가 큰 걸 사지 말 것. 그는 고등학생에게

한 말이었으나 A군의 충고는 청소년과 고등학생을 넘어 어른에게도 유용하다.

과장된 실루엣은 옷의 디자인에 관한 이야기다. 팔이나 전체 기장이 너무 길거나 암홀(팔이 들어가는 구멍)이 너무 크거나 하는 경우를 말한다. 유행을 따르다 보면 내 몸과 불협화음을 일으키는 옷을 살 때도 있고 그런 옷에도 나름의 신나는 기운이 있다. 그러나 평생 불닭볶음면을 하루에 두 끼씩 먹을 수 없듯 불협화음 같은 옷과 계속 함께할 수는 없다. 실루엣이 과장된 옷은 입기에 불편하다. 너무 길거나 너무 짧을 때의 불편은 설명할 필요도 없다. 암홀이 너무 넓으면 외투를 입었을 때 겨드랑이 부분이 오랑우탄의 배 주름처럼 접힌다. 반대로 암홀이 너무 좁으면 스파이더맨의 유니폼 같은 스판이 아니고서야 입고 벗을 때 너무 힘들다. 옷의 실루엣과 내 몸의 정합성은 입어 보면 바로 알 수 있고, 인터넷으로 구입한다 해도 평소에 내가 자주 입는 티셔츠의 사이즈와 비교하는 등의 방법으로 쉽게 파악할 수 있다. 아울러 프린트도 마찬가지 이유에서 권하지 않는다고 A군은 말했다. 한마디 덧붙이면 프린트보다 대형 자수가 더 곤란하다. 프린트는 입고 빨다 보면 사라지기라도 하는데 자수는 계속 남아 있다.

“어깨 재봉선이 평평한 것.” 패션잡지 에디터 B군이 후디를 고르는 기준이다. 후디는 계절에 따라 겉옷으로 입을 수도 있지만 재킷이나 코트 안에 받쳐 입기도 한다. 어깨 재봉선이 평평하지 않으면 입었을 때 전체적인 옷차림의 실루엣이 상해서 어깨가 울퉁불퉁해 보일 수 있다. 시각적으로 어색한 건 둘째 치고 어깨에 이물감이 든다. 특정 브랜드가 그렇다기보다는 잘 만들어진 옷을 보는 방법 중 하나라고 생각하면 된다.

어깨 재봉선은 의류 제조의 실질 공정과 관련되어 있다. 어깨 재봉선이 평평하지 않다는 건 재봉 절차를 하나 생략했다는 의미다. 즉 좀 더 저렴한 걸 사려다가 어깨 재봉의 완성도가 낮은 걸 살 수도 있다. 한철 입고 말 옷이라면 모르겠지만 옷을 두고두고 오래 입는 걸 좋아한다면 어깨 재봉선 같은 디테일도 염두에 두는 게 좋겠다.

A군의 이야기는 조금 더 중요한 교훈을 담고 있다. 내 몸에 편한 옷의 의미다. 지금 이 글을 읽고 계실 독자 여러분께서 옷에 대해 얼마나 관심이 있을지는 모르겠다. 오히려 옷에 관심이 많은 사람들이 내 몸에 편한 옷이라는 측면을 간과할 때가 있다. 너무 몸에 꼭 맞는 옷, 너무 짧은 치마, 혹은 너무 큰 옷 같은 게 여기 해당한다.

과장된 실루엣의 옷을 입는 것도 한때의 즐거운 추억이다. 다만 삶은 생각보다 길기 때문에 과장된 실루엣의 옷을 평생 입기는 쉽지 않다. 내 몸에 편한 옷을 찾는다는 건 좋은 품질의 옷을 알아보는 눈을 갖추는 것이기도 하다. 고급 의류의 세계에서는 장르를 막론하고 몸에 편안하게 맞는 걸 중요하게 여기기 때문이다. 이른바 디자이너 의류 중에는 겉으로는 그래 보이지 않아도 입었을 때 의외로 편한 것들이 있다. 그런 게 '패션 디자인'의 기술적인 면모이다.

여기까지 읽으며 생각이 다른 사람도 있을 것이다. 내가 지금 후디 고르는 방법 같은 걸 알아야 하나? 사느라 바쁜데, 이 세상에 옷 말고도 중요한 게 얼마나 많은데. 그 생각도 이해하지만 나는 후디 고르는 방법 역시 현대 사회의 실용 교양 중 하나라 말씀드리고 싶다. 이유는 크게 세 가지다. 첫째, 누구나 평생 뭔가를 입으며 살기 때문이다. 무엇인가를 입으려면 자신이 직접 무엇을 입을지 골라야 한다. 무엇이 나에게 제대로 된 것인지 고르지 못한다면 평생 남의 선택에 휘둘리게 된다. 자신은 인지하지도 못한 채로 남의 선택에 휘둘리며 살아가는 주제에 '내 취향이 있다'고 착각하게 된다.

둘째, 지금 내가 하는 이야기는 옷뿐 아니라 내 주변

의 모든 물건을 고를 때도 통하기 때문이다. 품질을 보는 눈을 키우기. 품질의 기준이 무엇인지 생각하기. 복잡한 세상 안에서 나름의 기준들을 정하고 그걸 지키는 동시에 수정하고 보완하기. 이것은 여러분이 어떤 삶을 살아왔고 앞으로 어떤 선택을 하든 간에 필요한 능력이다. 나는 옷이나 물건을 고르는 방법을 통해서도 삶을 고르거나 세상을 보는 방법을 배울 수 있다고 생각한다. 처음에는 복잡하게 느낄 수도 있으나 옷을 비롯한 자신의 물건을 고르고 써 보는 건 생각보다 즐거운 일이다. '큐레이션'이나 '트렌드 추천' 같은 상술에 홀리지 마시고 여러분의 몸과 눈으로 이 즐거움을 느껴 보셨으면 좋겠다.

그렇다면 이 글에서 말하는 품질 좋은 후디의 값은 얼마쯤일까? 몇 군데 조사해 보니 약 15만 원 전후면 평생 입을 만한 후디를 살 수 있었다(2023년 기준). 선진국의 품질 좋은 공장에서, 좋은 봉제공이 만들고, 튼튼한 원부자재를 써서 오래 입어서 닳을수록 멋진 후디를 소매가로 사려면 그 정도의 가격이 된다고 한다. "닳았을 때 남루하지 않으려면 그 정도 가격은 되어야 한다." 내가 신뢰하는 편집 매장 바버샵의 대표께서 해 주신 말씀이다. 그 말대로다. 오래 가기 위한 내구성을 취하려면 어느 정도의 대가를 치러야 한다. 이것 역시 옷을 넘어선 모든 상품에 해당된다고 생각한다. 어쩌면 지식이나 글 같은 것에도 통할지도 모른다.

후디의 품질을 인터넷상에서 가늠하는 방법은 섬유혼용률과 생산국이다. 나는 보통 면 100퍼센트 스웨트셔츠를 신뢰한다. 면 90퍼센트에 폴리에스테르 10퍼센트 원단과 면 100퍼센트 원단의 실질적 차이가 크지 않다는 걸 알면서도 그렇다. 저가형 스웨트셔츠 중에는 면과 폴리에스테르의 함량이 50:50인 것도 있다(가격이 꽤 나가더라도 여러 이유로 이런 섬유혼용률을 가진 스웨트셔츠들이 있다). 여러 가지 섬유혼용률의 스웨트셔츠를 입어본 결과 내가 면 100퍼센트를 고르는 이유는 크게 두 가지다. 일단 두터운 면 100퍼센트 스웨트셔츠는 입고 빨수록 멋지게 길이 든다. 세탁을 계속해도 익어가듯 숙성하는 옷이 있고 늙는 듯 초라해지는 옷이 있다. 좋은 면직물은 세탁을 거듭할수록 기분 좋게 길이 든다. 아울러 면 100퍼센트는 제조사 입장에서는 일종의 선언이라고 생각한다. 제조사 측에서도 면 100퍼센트와 90:10, 80:20의 혼용률이 큰 차이가 없는 걸 알고 있을 것이다. 그래도 면 100퍼센트를 고른 그 선택을 나는 더 좋아한다.

그나저나 15만 원은 오묘한 가격이다. 옷에 관심이 크게 없는 분들께는 비싸다고 느껴질 수 있다. 반면 어떤 면에서는 요즘 15만 원으로는 할 수 있는 게 별로 없기도 하고, 워낙 옷값이 오르기도 했으니 '생각보다는 싸거나 적당하다'고 느낄 분도 있을 것 같다. 그러니 15만 원은 일종의 고품질 기준선이라고 생각해 주셔도 되겠다. 15만 원보다 비싼 가격대의 후디가 있다면 어느 정도는 디자인이나 브랜드, 마케팅 등의 품질 외적 요인이 들어갔다고 보아도 무방할 듯하다.

공산품 세계의 기묘한 미덕은 글로벌 초대형 브랜드에서 생각보다 본질에 충실한 물건을 만든다는 것이다. 15만 원보다 저렴한 후디 중에서도 몇 가지 조건을 생략시킨 후 후디의 덕목에 충실한 걸 만드는 곳들이 있다. 천문학적인 단위로 물건을 만들고 전 세계 단위로 유통 판매하는 초대형 SPA 브랜드다. 오히려 그런 곳들이 옷의 본분에 충실한 옷을 만드는 경우가 많다.

{ 2 }
백팩

나이가 들며 깨닫는 점 중 하나는 책가방 모양의 가방을 생각보다 오래 맨다는 것이다. 한국에서 책가방이라고 부르는 건 영어 문화권의 백팩backpack, 즉 양어깨에 걸쳐져 등에 밀착되는 가방을 말한다. 보통 학창 시절에는 으레 책을 넣으려 백팩을 멘다. 책은 백팩에 들어가는 것 중 일부일 뿐이다. 어른이 되어도 대학에 간다면 몇 년은 더 책가방을 쓴다. 책 말고 옷이나 간단한 짐을 담아 여행을 가기도 한다.

나이가 들며 백팩에 대해 깨닫는 게 하나 더 있다. 책은 책가방에 들어갈 것 중 가장 무거운 짐에 해당한다. 경험상 2박 3일을 여행할 수 있는 짐을 백팩에 모두 담아도 수험생 때 쓰던 책가방보다는 덜 무거웠다. 나를 비롯한 한국 사람만 그런 건 아닌지 프랑스 학생의 책가방 평균 무게도 8.5킬로그램에 이른다고 한다. 여담으로 책상에 앉아 한 자세로 오랜 시간 공부하는 건 몸에 해로운 일이다. 기본적으로 허리와 어깨, 목 등에 무리가 가는 일이기 때문이다. 그러므로 공부를 오래 잘 하고 싶을수록 신체 건강에 신경 써야 한다.

가방을 비롯한 의류와 액세서리류는 기본적으로 몸에 닿고 몸에 붙으며 몸이 짊어지는 것이다. 편의성을 무시한 채 장식품으로만 쓸 게 아니라면 크기와 모양이 중요하다.

크기와 모양은 가방의 가격을 결정하는 핵심 요소 중 하나이기도 하다. 세상에는 크기가 커질수록 비싸지는 물건과 커질수록 싸지는 물건이 있다. 기능성 책가방은 커질수록 비싸지는 물건에 속한다. 담을 수 있는 게 늘어날수록 가방 만드는 입장에서는 신경 써야 할 것도 늘어나기 때문이다. 더 무거운 무게를 견뎌야 하고, 주머니가 커지는 만큼 수납 부분 역시 잘 나뉜다면 좋다.

가방을 구입할 여러분이 생각할 것도 많아진다. 권한과 책임의 관계처럼 가방이 크면 담을 수 있는 것이 늘어나는 동시에 여러분이 짊어져야 하는 무게 역시 늘어난다. 30리터 이상의 대형 백팩을 멘 채 대중교통을 이용한다면 여러분의 등에 매달린 가방이 타인에게 민폐를 끼칠 확률도 높아진다. 여러 가지를 감안해서 자신에게 잘 맞는 사이즈를 생각하는 게 우선이다. 생물학적 성장이 아직 끝나지 않은 청소년에게는 너무 큰 가방은 권하고 싶지 않다.

크기 다음 생각해 볼 건 모양이다. 모양은 일단 복잡한 것과 간단한 것으로 나눠 생각해 볼 수 있겠다. 복잡한 것은 주머니가 많이 나뉘어 있다거나 옆에 그물망이 있어서 물통을 담을 수 있다거나 하는 경우다. 간단한 것은 자루처럼 구획 없이 하나의 통으로 이루어지고 보조 주머니가 하나쯤 붙은 경우다. 복잡한 가방은 각국의 군용 가방이나 등산 가방 등 특수 목적 배낭의 레이아웃을 차용한 것이 많다. 특히 군용 배낭은 경량화보다는 내구성에 중점을 두고 만들어지기 때문에 무거운 책을 많이 넣는 여행가방으로 써도 무리가 없다. 다만 가방 자체의 내구성에 중점을 둔 만큼 가방 무게가 무거워지는 점은 감안해야 한다.

가방의 제조국마다 그 나라의 세계관이 드러나기도 한다(고 나는 생각한다). 일본에서 디자인한 가방은 일본 비즈니스호텔의 레이아웃처럼 촘촘히 나뉘어 있다. 반대로 미국의 가방은 간단할 때면 한없이 간단해지는 미국의 세계관을 닮아 정말 한 가방에 하나의 주머니만 있고 칸막이나 보조 가방이 전혀 없는 것도 있다. 유럽의 가방은 보통 미국이나 일본 사이 어딘가쯤 자리 잡은 듯하다. 한국 가방은 좋게 말해 각국 제품의 장점을 잘 계승하고 있다. 사용자의 세계관에 따라 딱히 개성이 없다고 볼 수도 있다. 그러나 요즘 같은 정체성 전시 과다 시대를 살다 보니 굳이 책가방에까지 개성을 따져야 할까 싶기도 하다.

나도 미국 가방을 하나 가지고 있었다. 그 가방을 사서 집에 와 포장을 뜯어봤을 때 내가 물건을 잘못 산 줄 알았다. 그 가방은 큰 지퍼를 열면 큰 주머니가 하나 나올 뿐 앞주머니도 없었다. 앞주머니를 달려면 별도의 앞주머니 파우치를 사야 했다. 어느 가방을 사도 등판에 노트북 넣을 칸 정도는 하나 있는 게 내 상식이었으나 역시 내 상식은 세계의 상식에 비하면 너무 편협했다. 세상에는 가방에 주머니가 딱 하나만 있으면 충분한 사람도 있을 테니 그 역시 나름의 수요에 대응한다는 점에서 그것도 나쁘지 않다 싶지만 그때는 좀 놀랐다. 반대로 너무 촘촘하게 수납공간이 많은 것도 소비자를 현혹하는 방법 중 하나다. 사람 성격이나 상황에 따라 그런 걸 전혀 쓰지 않을 수도 있으니까. 물건에 혹하기 전 나 자신에 대해 먼저 생각해 보는 게 좋다. 백팩을 포함해 모든 물건을 고를 때 말씀드리고픈 기준이다.

백팩의 크기와 기능 등 여러 가지 변수로 인해 가격이 달라진다. 상속 등으로 받은 거대 자산이 없는 한(있다 해도) 책가방을 비롯한 세상 모든 일상품을 비싼 걸로만 살 필요는 없다. 동시에 돈 등 자원이 모자라다 보면 아주 비싼 물건, 그래서 내가 갖지 못한 물건을 강렬히 원하거나 그런 물건을 갖는 사람을 부러워할 수도 있다. 내가 닿지 못한 곳으로 가고 싶은 욕구가 인간을 발전시킬 수 있으니 그 마음도 나쁘지는 않다. 가격의 차이가 어디에서 오는지 알아볼 필요는 있겠지만.

책가방을 비롯한 의생활류 제품은 개별 제품에 따라 가격 차이가 무척 많이 난다. 백팩 중에는 약 1만 원 정도 하는 것부터 수백만 원에 이르는 것까지 쉽게 찾을 수 있다. 같은 제품군의 제품 소매 가격에 수백 배 차이가 난다면 그 이유는 제품의 기능과 별개일 때가 많다. 대표적인 게 유명 브랜드 제품이다. 비싸기로 유명한 서유럽발 고가품● 브랜드의 아주 비싼 가격 정책에는 여

● 흔히 '명품'이나 '럭셔리'luxury라 부르는 것들을 여기서는 '고가품'이라 적으려 한다. 가격과 가치가 비례하지 않을 때도 있기 때문이며, 영미권의 '럭셔리 비즈니스'나 '럭셔리 굿즈'가 한국어 '명품'으로 번역될 수 없다고 생각하기 때문이다. 한국어에서 '명품'은 조금 더 다양한 의미로 쓴다. '명승지'처럼 유명하다는 의미

러 가지 사정과 이유가 있다. 그 가격 요소를 들여다보면 의외로 나름의 합리적인 이유가 있을 때도 있다.

원론적으로는 브랜드이기 때문에 가격이 비싼 게 아니다. 소재나 기능이나 공예적 완성도나 내구성 등 제품의 가격이 비싸지는 여러 가지 이유가 있다. 브랜드는 그러한 품질 관련 요소에 붙는 일종의 보증 마크다.

동시에 모든 그럴싸한 게 기호화되고 모든 기호가 상품화되는 현대 사회에서 브랜드의 기능은 조금 다르다. 현대 사회에서 브랜드는 높은 부가가치를 위한 수단으로 쓰인다. 높은 부가가치를 위해 '브랜드라는 기호' 자체와 관련된 여러 모호한 마케팅을 실시한다. 그러면 브랜드 제품에 비싼 값을 줘야 하는 이유가 성립된다. 소비자가 그 이유를 납득해 비싼 값을 주고 브랜드 제품을 산다면 결국 소비자는 스스로 홀린 셈이다. 사회는 원래 비정하다.

매일 백팩을 들고 다니는 사람에게 권하고 싶은 건 제품의 가격이나 브랜드보다는 소재 자체다. 가방을 만드는 모든 소재에는 당신의 동료처럼 장단점이 있다. 나

도 있고, '명곡'처럼 훌륭하다는 의미도 있다. 유명이나 훌륭은 고가품의 지향점이다. 모든 고가품이 꼭 유명하거나 훌륭한 것은 아니며 그 경향은 마케팅이 심화되는 21세기에 더욱 격해지고 있다. 반대로 가격이 덜 비싸다고 유명하지 않거나 훌륭하지 않은 것도 아니다. 그 이유로 백화점이나 매장에서 판매하는 값비싼 물건들은 고가품으로 부르는 게 좋겠다는 생각을 갖고 있다.

일론은 가볍고 질기고 가격이 비싸지 않다. 대신 책 모서리 등 각지거나 뾰족한 것에 약하고 수명이 길지 않으며 닳았을 때 애달픈 기분이 든다. 굵은 면실을 꿰어 탄탄하게 만든 원단인 캔버스 소재는 그 반대다. 두껍고 튼튼하며 닳아도 나름의 멋이 있어서 시간이 흐를수록 나와 함께 잘 성숙해 가는 기분이 든다. 동시에 요즘은 좋은 캔버스 천을 찾기 어렵고 찾는다 해도 무게가 무겁다. 코듀라나 고어텍스 등의 신소재로 만든 가방도 있다. 물이 새지 않아 좋은 한편 가격이 조금 더 비싸다.

이 중 무엇을 고를지는 해당 가방을 사용할 당신이 어떤 사람인지에 달려 있다. 비가 와도 외부로 많이 다녀야 하는 사람이라면 확실히 방수가 되는 소재가 좋겠다. 늘 엄마가 태워주는 차를 이용하는 청소년 등 비를 맞을 일이 거의 없는 일상을 사는 사람이라면 굳이 방수가 되는 소재의 가방을 찾지 않아도 된다. 물건을 오래 쓰는 걸 좋아하고, 20년이 되어도 오래오래 가는 가방을 갖고 싶다면 조금 신경을 써서 튼튼한 캔버스 소재로 된 가방을 사면 된다.

방수 소재 가방을 찾는 건 별로 어려운 일이 아니다. 주요 등산 브랜드에서는 상당한 수준의 방수 원단으로 만든 가방을 많이 팔고 있다. 튼튼한 도시형 백팩을 갖고 싶다면 한국의 블랭코브나 일본의 포터 등이 선택지가 될 수 있다. 백팩의 대명사 이스트팩 역시 명성에 맞는 다양한 종류의 가방을 판매한다. 다만 경험상 이스트팩은 오래 혹사시키듯 메면 어깨끈이 가방 몸통에서 떨어져 나가곤 했다. 그레고리나 켈티처럼 등산용품을 만드는 회사들이 일상용으로 만든 배낭은 전반적으로 오랫동안 튼튼했다. 아울러 나는 가방을 비롯해 웬만한 의복류를 고를 때는 해당 제품 전문 회사의 제품을 고른다. 아무래도 그 제품만 생산해 온 만큼 조직 내부에 각종 리스크와 그에 대한 대응 자료가 더 많을 거로 생각하기 때문이다. 지금 언급한 브랜드는 모두 백팩에 전문성이 있는 브랜드다.

방수를 위해 꼭 유명 브랜드 제품을 사지 않아도 괜찮다. 앞서 언급한 가방 전문 브랜드 가방의 가격은 사람에 따라 비싸다고 느낄 수도 있다. 요즘은 한국 브랜드의 수준도 상당히 높아져서 이름 모를 '도메스틱 브랜드'(요즘은 한국 브랜드에 이런 말을 쓴다)의 악성 재고품을 코듀라로 만들었을 수도 있다. 검색창에 소재+품목을 적어 결과를 띄우고 낮은 가격순이나 할인율순으로 정리하면 시장의 선택을 받지 못한 물건들을 찾아볼 수 있다. 유행에 큰 관심이 없고 제조 완성도가 높은 물건을 저렴한 가격에 사는 데 더 관심이 있다면 이런 방식으로 찾아보는 것도 좋다고 생각한다.

나도 아직 백팩을 많이 멘다. 특별한 날이 아니면 거의 백팩을 메는 것 같다. 책을 좋아하고 여러 일로 외부 일정이 많아서 튼튼한 가방이 좋다. 튼튼한 가방 중에서도 백팩에 계속 손이 간다. 한쪽 어깨에만 멜 수도 있고 양쪽으로 메면 더욱 안정적으로 짐을 운반할 수 있기 때문이다. 그렇게 20년 넘게 백팩을 사고 구경하고 메다 보니 백팩을 사기 전 눈여겨보는 부분들이 생겼다.

첫 번째는 어깨끈의 최상단과 가방 몸통이 붙는 부분이다. 무거운 걸 갖고 다니면 이 부분이 떨어져 나가서 너덜너덜해질 때가 많다. 그 부분은 가방의 무게를 많이 받는 부분이라 수선해도 금방 또 떨어진다. 만약 짐을 많이 넣어서 이쪽이 너덜너덜해졌다면 여러분의 정신 건강을 위해서라도 버리는 게 낫다. 보통 튼튼한 가방을 만드는 회사들은 이 부분 면적을 넓게 잡고 바느질도 치밀하게 해 둔다.

또 하나는 바닥 부분이다. 아무렇지도 않게 가방을 가지고 다니다 나도 모르게 바닥에 구멍이 나서 버린 적이 몇 번 있다. 범인은 책의 모서리였다. 종이에 베어 본 사람은 알 텐데 종이책은 은근히 날카로운 물건이다.

90도로 뾰족하게 만들어진 책의 모서리는 가방의 수명을 위협하는 암살자와도 같다. 책의 모서리는 은근히 가방 바닥에 계속 부담을 주고, 그러다 보면 결국 바닥 모서리가 닳거나 구멍이 난다.

마지막으로 보는 부분은 지퍼다. 튼튼하지 않은 지퍼는 계속 말썽을 일으킨다. YKK나 리리, 탈론 등 훌륭한 지퍼 회사의 이름을 알아 두면 품질을 가늠하는 데 도움이 된다. 고가 지퍼를 썼다는 건 단순히 '고가품을 썼다'고 자랑하는 게 아니라 그 회사에서 이 정도까지 신경을 썼다는 의미라고 생각한다. 그 때문에 나는 좋은 부자재를 쓴 패션 관련 제품에 늘 호감이 있다. 이 세 가지 부분을 보면 오래 쓸 가방을 찾는 데 도움이 될 것 같다.

세상 모든 물건이 마찬가지인데 가방도 '착한 가격' 같은 건 없다. 한번은 디자인이 놀랄 정도로 훌륭한데 가격이 놀랄 정도로 저렴해서 '이런 값에 물건이 나올 수 있나' 싶은 물건을 본 적이 있다. 인터넷에만 있길래 시험 삼아 사 봤다. 실물은 더 놀라웠다. 방수, 공간 구획 등 나무랄 데가 전혀 없었다. 가격이 2만 원 미만이었기 때문에 '이런 물건이 계속 나온다면 많은 가방 회사들이 망할 수도 있겠다' 싶을 정도였다. 그 가방은 쓴 지 일 년도 안 되어 어깨끈 부분이 떨어져 나갔다. 그 가방을 버리며 한 번 더 깨달았다. 세상에 공짜는 없다.

그럼 만족스럽게 쓸 수 있는 가방의 적정 가격은 어느 정도일까. 굉장히 미묘하며 자의적인 기준이겠으나 내가 쓰는 물건들을 기준으로 보면 2023년 기준 10만 원 내외인 것 같다. 경험상 그 정도면 아주 튼튼하고 내 소박한 미감에도 크게 거슬리지 않는 가방을 살 수 있었다.

마침 지금 쓰고 있는 가방이 10만 원 정도 하는 기본적인 륙색 모양 가방이다. 주머니는 두 개뿐, 큰 주머니 하나와 작은 주머니 하나가 있다. 아랫부분은 두꺼운 스웨이드를 덧댔다. 가죽을 덧댄 가방 중에는 책을 갖고 다니다 보면 구멍이 나는 것도 있는데 이 가방은 약 7년 동안 국내외의 온갖 현장에 가지고 다녔는데도 '이래도 되나' 싶을 만큼 멀쩡하다. 내 마음이 바뀌지 않는 한 몇 년은 더 쓸 수 있을 것 같다.

{ 3 }
볼펜

다들 다른 삶을 사는데도 어디서나 같은 용도로 쓰이는 도구가 있다. 예를 들어 펜. 학생·문서 노동자·각종 실무 현장, 어디서나 펜이 쓰인다.

펜은 아무래도 학생일 때 집중적으로 많은 양을 쓰게 된다. 학교 다닐 때 보면 유독 펜을 좋아하는 친구들이 있었다. 펜을 사용해서 얻는 결과물인 학업 성취도보다 도구인 펜에 더욱 집중하던 친구들이 기억난다. 그 친구들의 성적이 펜의 개수와 큰 상관이 없기도 했다. 펜이 많고 공부를 잘하는 친구가 물론 있었다. 저렇게 할 거면 펜이 많아도 소용없구나 싶은 친구도 있었다. 삶도 게임 같아서 아이템이 전부가 아니다.

지금 펜을 쥐고 있는가? 근처에 펜이 있는가? 그 펜을 한번 들여다보면 여러 가지를 알 수 있다. 어디서나 쓰고 있는 평범한 펜에도 평범하지 않은 물건의 역사가 들어 있다. 이를테면 지금 들고 있는 펜에는 뚜껑이 달려 있는가? 아니면 스프링 버튼을 눌러 펜촉을 꺼내는 방식인가? 왜 어떤 볼펜은 뚜껑이 있고 어떤 볼펜은 스프링으로 누르는 걸까? 세상엔 볼펜 뚜껑 나라와 볼펜 스프링 나라가 있어서 각자의 철학에 따라 경쟁하는 걸까? 그럴 리가. 물건 생산은 장난도 농담도 아니다. 모든 공산품은 합당한 사고와 실험을 거쳐 만들어진 당시 최고의 결과물이다. 그 결과물이 우리의 마음에 차지 않는 부분이 있다 해도.

펜에 뚜껑이 달린 이유는 잉크와 관련이 있다. 뚜껑이 달린 펜은 뚜껑이 없으면 잉크가 마른다. 수성 잉크를 쓰기 때문이다. 잉크가 마르면 쓸 수도 없다. 잘 굳지 않는 잉크는 유성 잉크다. 염료를 유성 용매에 녹였기 때문에 휘발성이 낮아 잘 굳지 않는다. 대신 우리가 '볼펜 똥'이라고 부르는 잔여물이 더 잘 발생한다.

볼펜 뚜껑의 유무에 따른 장단점은 이뿐만이 아니다. 뚜껑이 있는 볼펜은 뚜껑이 있는 만큼 불편하다. 대신 펜 부위를 내보내는 스프링 등의 장치가 없어 그만큼 구조가 간단하고 필기할 때 흔들림이 덜하다. 대신 뚜껑을 닫지 않은 채로 떨어뜨리면 펜촉이 바로 망가지기도 한다. 뚜껑 있는 볼펜의 장단점은 뚜껑 없는 볼펜의 장단점과 거울처럼 대비된다. 뚜껑이 없는 스프링 버튼식 볼펜은 실수로 떨어뜨려도 펜촉이 손상될 위험이 덜하다. 동시에 구조가 복잡해 펜대의 다른 부분이 고장 날 확률이 높다. 정온동물과 변온동물의 장단점처럼 각자 장단점이 확연하다.

오늘날 볼펜은 두 가지 부분이 발달했다고 볼 수 있다. 볼펜을 이루는 하드웨어와 펜 잉크라는 연료다. 옛날 펜에는 잉크 저장 장치가 없었다. 붓에 먹물을 묻혀 쓰듯 잉크통에 펜촉을 찍어 썼다. 그러던 것이 '펜촉 뒤에 잉크 탱크를 붙인 휴대용 기기' 개념의 만년필로 발전했다. 휴대용 잉크 저장 기술과 펜촉 기술을 발전시킨 게 오늘날의 볼펜이다.

볼펜 하드웨어는 잉크와 함께 발전했다. 볼펜 뚜껑 역시 잉크와 펜촉을 보호하기 위해 발전했으니, 뚜껑의 존재 이유인 잉크를 봐도 볼펜의 역사가 보인다. 유성 잉크 볼펜이 1940년대에 나왔다. 1960년대에는 수성 잉크심에 볼펜의 볼을 부착해 더 부드럽게 글씨가 써지도록 하는 볼펜이 출시됐다. 수성 잉크는 부드러워서 좋았지만 잘 번지고 잉크 자체가 말라버리는 게 문제였다. 그 문제는 수성 잉크에 염료나 안료를 더해 해결됐다. 다만 볼펜의 필기 거리는 짧아졌다. 이를 보완하기 위해 1990년대에 유성 잉크의 점도를 낮춘 잉크가 나왔다. 2000년대에는 유성 잉크에 첨가제를 넣은 하이브리드 잉크가 나왔다. 그 과정을 거쳐 필기 거리가 길어졌다. 잉크 찌꺼기는 줄어들었다. 색 표현력은 좋아졌다.

잉크의 발전 과정은 화학공학의 발전 과정이기도 하다. 새로운 잉크가 개발되었다는 건 펜을 만드는 기업의 부설 연구소에서 새로운 화학적 제조법을 개발했다는 의미이기 때문이다. 화학 물질은 제조 공식을 공개하지 않으면 다른 곳에서 따라 할 수 없기 때문에 성공하기까지는 시간과 자본 등의 자원이 많이 필요하지만 한 번 성공하면 업계에서 우위를 차지할 수 있다.

좋은 펜을 만들기 위해서는 화학공학 기술뿐 아니라 정밀 기계공학 기술도 필요하다. 펜에는 잉크만 있는 게 아니다. 튼튼한 나사산을 만드는 사출물 제작 기술과 볼펜의 볼을 만드는 기술은 정밀 기계공학 기술과 연결되어 있다. 한 시대를 풍미했고 요즘도 일부에서 애용하고 있는 파이롯트의 '하이테크C' 펜은 0.3밀리미터의 극세필이다. 이런 펜이 나오려면 볼펜 끝에 0.3밀리미터의 공ball이 있어야 한다. 즉 이런 제품을 안정적으로 공급하려면 그만큼 작은 크기의 볼을 대량으로 생산할 수 있는 기술이 있다는 의미다. 펜 하나에도 현대 사회의 발전 역량이 녹아 있다.

펜촉의 굵기는 각 문화권과도 깊은 관련이 있다. 앞서 말한 하이테크C 펜은 왜 그렇게까지 가늘게 나왔을까? 하이테크C 펜의 고향이 일본이기 때문이다. 일본을 비롯한 한국 등 동아시아에서는 세필 문화가 발달해 있다. 한자만 생각해 봐도 같은 면적 안에 들어가는 획의 종류가 많다. 가는 펜이 실질적으로 쓸모가 있는 셈이다. 반대로 서양에서는 0.7밀리미터 펜을 기본으로 쓴다. 한국 사람들에게는 꽤 굵게 느껴지지만 서양인의 알파벳 필기를 생각해 보면 큰 무리가 없다. 아울러 서양 알파벳의 필기체 문화에서는 획의 세밀함보다 잉크가 오랫동안 풍부하게 나오는 게 더 중요하다. 만년필 문화의 발상지답다.

볼펜 세계는 글로벌 경영 상황과도 관련이 있다. 1990년대부터 2000년대까지 전 세계 경제에는 중대한 변화가 생긴다. 미국과 소련 간의 냉전이 끝나고 전 세계가 사실상 단일 시장이 되면서 글로벌 경제가 열린다. 그게 볼펜과 무슨 상관이냐고? 전 지구적 시장의 시대를 맞아 볼펜 업계는 크게 두 가지 선택을 했다. 큰 회사는 자사의 브랜드를 전 세계에 팔 수 있게 되었다. 여러 상황상 그럴 수 없는 회사는 다양한 회사를 합병해 덩치를 불렸다. 이런 일은 자동차, 귀금속, 패션 등 소비재 업계 전반에 나타났고, 볼펜도 예외는 아니었다. 거기 더해 중국이라는 초대형 저임금 국가가 세계의 제조업 공장 역할을 하면서 각종 공업제품의 중국 생산이 가속화되었다. 그 결과가 지금처럼 다양한 펜이 나타난 세상이다.

오늘날의 펜 시장은 그 자체로 글로벌 경제의 각축장이다. 선진국은 부가가치가 높은 고급 펜을 만들어야 한다. 인건비가 높기 때문에 고부가가치 제품을 만들어야 사업을 지속할 수 있다. 서유럽에서는 브랜드 디자인과 전통을 앞세운 고가 펜을 제작한다. 일본은 성숙한 제조업 역량을 활용해 다양한 고기능성 펜을 생산한다. 그 반대편에 극도의 가격 대 성능비로 승부하는 저가형 펜들이 있다. 생활용품 판매점인 다이소나 동네 문구점 등 대중적인 가게에 가 보면 한 자루에 2백 원 정도 하는 볼펜도 많이 있는데, 그 볼펜도 가격을 생각하면 기능이 충분하다. 한국의 제조사들도 저가형 볼펜의 가격 공세와 선진국형 볼펜의 오리지널 기술 및 브랜딩 사이에서 여러 가지 시도를 하며 나름의 답을 찾는 중이다. 볼펜 하나의 가격이 2백 원에서 2만 원까지 하게 된 데에는 이런 사정이 있다.

이런 상황에서 독자 분들은 어떤 펜을 골라야 할까? 크게 두 가지 정도를 제안하려 한다. 일단 경제적 여유가 있다면 만듦새가 좋은 펜을 한 번쯤 느껴 보는 것도 나쁘지 않은 선택이다. 특히 젊은 분들이라면 더욱. 젊은 날을 지나온 분들은 알겠지만 어릴 때 보고 듣고 만지고 접하는 건 무서울 정도로 오래 뇌리에 남아 잘 지워지지 않는다. 매사에 사치품을 쓰는 것, 특히 어린 나이에 과도한 고급품을 쓰는 건 아주 별로라 생각하지만, 좋은 품질을 느낄 수 있는 물건을 곁에 두는 건 좋은 일이라고도 생각한다. 감각이 완성되던 시기에 체험한 고품질이 평생의 기본으로 남을 수도 있기 때문이다. 경험상 약 1~2만 원 정도의 볼펜에서는 아주 훌륭한 필기감과 현대 공학 기술을 느낄 수 있다. 2023년 기준 볼펜 한 자루에 10만 원이 넘어가면 그 이상의 세계에서는 기술적인 변별력이 크지 않다고 본다.

화학공학 기술의 발달로 등장한 볼펜 중 하나가 지워지는 볼펜이다. 지우개가 달린 연필처럼 펜촉 뒤에 지우개 모양의 실리콘을 씌운 볼펜을 본 적이 있을 것이다. 신기하게도 지워지는 볼펜에 들어 있는 잉크는 '지우개로 지워지는 잉크'가 아니다. '마찰열이 발생하며 일정 온도에 이르면 색이 사라지는' 잉크다. 그래서 지워지는 잉크로 쓴 글은 60도 이상의 열을 가하면 사라지고 영하 10도 이하에서는 다시 나타난다. 볼펜의 실리콘 지우개 역시 60도 이상의 마찰열을 발생시켜 색을 사라지게 하기 때문에 실리콘이 아니어도 60도 이상의 열을 낼 수 있는 재료로 비비면 펜으로 그린 선이 사라진다. 이런 볼펜을 쓰다 보면 다른 게 아니라 과학이 마법이라는 생각이 들기도 한다. 일상용품에서도 세상의 발전을 깨달을 수 있다는 게 현대 사회를 살아가는 재미다.

볼펜을 비롯한 일상용품을 즐기는 또 하나의 방법은 생산물 자체에 집중하는 것이다. 상대적으로 가격이 나가는 고급품에는 그에 상응하는 이유가 있다(이유 없이도 사게 만든다면 그것도 다른 장르의 재주다). 재료가 값비싸다든가, 도색이나 조립 상태 등의 완성도가 좋다든가, 디자인 면에서 전문 디자이너의 디자인을 썼다든가. 그런 결과물 중 하나가 선물 코너에서 볼 수 있는 수십만 원짜리 볼펜이다. 그런 물건 역시 특별한 순간을 기념하는 물건으로는 나름의 가치가 있다.

한편 상대적으로 가격이 저렴한 초저가 볼펜에서도 단가 관리의 예술을 읽을 수 있다. 2백 원짜리 볼펜이 있다면 3백 원짜리 볼펜에 비해 어딘가에서 단가를 낮추되 최소한의 품질을 충족시켰다는 의미다. 2백 원짜리 볼펜은 2천 원짜리 볼펜보다 10배 나쁜가? 어느 부분을 생략하고 어떤 부분의 디테일을 희생시키면 제품 가격이 차이가 나는가? 이런 식으로 관찰하다 보면 세상에 나쁜 물건은 없고 각자의 상황에 맞는 물건만 있을 뿐이란 사실을 깨닫게 된다.

이런 원고를 작성할 때는 여러분들의 도움을 받는다. 볼펜과 관련해서는 0.3밀리미터 펜을 만드는 회사의 관계자와 평생 펜을 연구해 온 민간 연구자께 좋은 말씀을 들었다. 한 분은 공급자, 한 분은 소비자이니 둘의 입장과 상황은 다를 수밖에 없다. 그런 두 분이 좋은 펜을 이야기할 때 공통적으로 강조한 사실이 있었다. 볼펜을 잡는 자세의 중요성이다. 볼펜이 잘 나오는 자세는 중력을 생각하면 쉽게 알 수 있다. 수직에 가까운 상태에서 볼펜을 쓸수록 볼펜을 고장 없이 쓸 수 있다. 아무리 펜이 좋아도 눕혀 잡는다면 잔여물이 많이 나오거나 내구성에 문제가 생길 가능성이 크다. 도구보다 도구를 쓰는 사람이 더 중요하다.

세상에는 좋은 물건이 많다. 깜짝 놀랄 정도로 비싼 물건도 많다. 가격이 저렴하며 어딘가 품질이 떨어지는 물건도 많다. 물건에 관해 견해가 많고 의견을 올리기 쉬운 세상이다 보니 '좋은 물건'을 주제로 인터넷 같은 곳에서 말싸움도 많이 한다. 그러나 중요한 것은 알고 있되 너무 빠지지 않는 것이다. 좋은 볼펜의 부드러운 필기감이 중요한 이유는 펜을 쓸 때 거슬리는 부분이 없도록 해 좋은 필기감을 얻기 위해서다. 그게 뭐가 됐든 자신에게 잘 맞는 볼펜을 찾아서 즐겁게 쓰면 그만이다.

지금까지의 이야기를 바탕으로 볼펜을 고른다면 어떤 걸 고르면 좋을까.

일단 가격을 무시할 수 없다. 대량 생산품이라면 가격과 품질은 정비례하는 경향이 있다. 즉 한 자루에 1만 원쯤 하는 일본산 볼펜이 있다면 해당 볼펜은 스프링의 탄성이나 뚜껑이 닫기는 강도 등 주요 부품의 완성도가 높을 것이다. 반대로 같은 기능의 2천 원짜리 볼펜이 있다면 "반드시"라고 말해도 될 정도로 성능이 떨어진다. 특히 4색 볼펜 같은 멀티펜이 너무 저렴하다면 그 볼펜의 수명도 길지 않을 거라고 생각하는 게 합리적이다. 몇 번 쓰다 보면 스프링과 스위치 등이 문제를 일으키기 시작할 것이다.

가격이 저렴하면서 품질이 좋은 걸 원한다면 크게 두 가지 조건을 생각하는 게 도움이 된다. 하나는 간단한 기능, 하나는 오래된 브랜드다. 이건 볼펜뿐 아니라 다른 소비재에도 해당한다고 보지만 일단 볼펜으로 설명해 본다.

처음부터 고장이 덜 날 구조의 물건이 있다. 볼펜으로 치면 가장 간단한 한 가지 색에 스프링 없이 뚜껑이 달리고 펜촉이 좀 굵은 것들이다. 스프링이 몇 개씩 달려 4색 볼펜과 샤프까지 하나의 펜대에 들어 있는 물건은 좋고 나쁘고를 떠나 고장이 날 확률이 높아진다.

볼펜 같은 걸 고를 때는 오래된 브랜드도 선택에 도움이 된다. 여기서 '볼펜 같은 것'의 의미는 역사가 오래된 소비재 영역을 말한다. 오래된 볼펜 회사라면 현대적 개념의 브랜딩을 하기 전부터 자사 브랜드로 물건을 출고시키던 회사들이다. 일본의 파이롯트나 프랑스의 빅 같은 볼펜은 어디서나 구할 수 있는데 어디서나 비슷한 성능을 낸다. 주요 소비재의 대표 브랜드를 생활 상식처럼 알아 두면 사소한 일상생활에 도움이 된다. 특히 다양한 외국에 자주 나갈 거라면.

선물로 볼펜을 고르는 사람들도 종종 있다. 볼펜 선물, 훌륭하다고 생각한다. 뭔가 써 나가는 것이니 의미로도 좋다. 적당히 가격이 나가니까 선물하는 기분도 난다. 동시에 너무 비싸지는 않으니 부담도 덜 하다. 무엇보다 세상엔 내 돈 주고 사기는 애매한 영역의 물건이라는 게 있다. 고가 볼펜은 정확히 그 영역에 걸쳐 있다. 그럴 거라면 서유럽의 고가 필기구 브랜드를 써 보는 것도 좋다. 라미, 카란다쉐, 몽블랑, 파커 등에서는 자사의 시그니처 디자인을 쓴 볼펜을 계속 출시하고 있다. 가격은 2023년 기준 3만 원에서 수십만 원 정도다.

이 정도 브랜드의 볼펜이라면 충분히 오래 쓸 수 있다. 구조가 간단하고 기본적으로 내구성이 좋으며, 교체 가능한 카트리지가 있고 디자인이 수수해 유행을 타지 않으며, 혹시 고장이 나도 수리하기가 용이하기 때문이다. 다만 그런 이유로 볼펜 선물이 여러 개 들어올 때도 있다. 받을 사람이 볼펜 선물이 필요한지 아닌지는 평소에 관찰해서 확인할 수밖에 없다.

{ 4 }

스니커즈

2022년 카타르 월드컵에서 눈에 띄었던 것 하나는 FIFA 회장 지아니 인판티노의 신발이었다. 월드컵 정도면 정식 행사이니 FIFA 회장이라면 상당히 격식을 차린 옷을 입고 나온다. 지아니 인판티노 역시 셔츠에 타이까지 맨 정장 차림으로 매번 등장했다. 그런데 그가 신은 신발이 구두가 아니었다. 멀리서도 스니커즈다 싶은 새하얀 신발이 계속 눈에 보였다.

당시 해외 신문의 뉴스거리가 되었다. 지아니 인판티노가 신었던 스니커즈는 아디다스의 '스탠 스미스'다. 아디다스 스탠 스미스는 아디다스의 상징적 운동화 중 하나다. 테니스 선수 스탠 스미스가 신어서 이 이름이 붙었으나 지금은 간결한 생김새 덕에 각종 협업 작업의 도화지 같은 신발로 쓰인다. 지아니 인판티노의 스탠 스미스도 그랬다. 신발에는 FIFA라는 글자가 적혀 있었다. 이 행사를 위해 개조되었다는 뜻이겠다.

그 사진이 2020년대 스니커즈의 위상을 보여 준다고 해도 큰 과장은 아닐 것 같다. 웬만한 외교 행사 수준의 자리인 월드컵의 각종 현장에서 FIFA 회장이 스니커즈를 신고 나왔다. 스니커즈를 신고 나와도 되는 자리가 하나 늘어난 셈이다.

구조적으로 보면 일반 구두와 스탠 스미스의 공통점도 많다. 스탠 스미스 제품은 스니커즈의 다양한 소재 중 가죽을 많이 쓴다. 구두도 가죽을 쓴다. 즉 구두와 스탠 스미스는 가죽으로 발을 감싸고, 세부 사이즈는 줄을 묶어 조절한다는 두 가지 구조적 특징을 공유한다. 반대로 결정적인 차이는 밑창이다. 정통 서양식 구두의 바닥은 가죽으로 만든다. 충격 흡수를 위해 바닥과 밑창 사이에 코르크를 끼우는 등의 경우도 있으나 아무튼 기본은 가죽 창이다. 달리기라도 하면 지면의 충격이 그대로 무릎까지 전해진다. 고전적인 구조로 만들어진 고풍스러운 생김새의 신발이 무릎 건강에 치명적인 악영향을 야기하는 셈이다. 나는 그래서 다니엘 크레이그 시기의

007시리즈를 볼 때마다 배우의 무릎 건강이 걱정되곤 한다. 다니엘 크레이그는 역대 007 히어로 중 유독 사냥개처럼 뛰어다닌다. 정통 영국 구두를 신은 채로.

스니커즈의 바닥 소재는 고무다. 발이 땅을 딛을 때 생기는 불가피한 충격을 고무가 흡수하는 구조다. 고무 소재는 스니커즈에서 자동차 타이어에 이르기까지 다양한 방면에서 쓰이며 인류의 이동성을 굉장히 끌어올렸고 우리의 무릎 건강에 막대한 영향을 미쳤다. 문명은 편한 것에 역행할 수 없다. 우리 모두 구두를 벗고 스니커즈를 신는 게 그 증거, 격식을 따지는 서유럽의 지아니 인판티노가 월드컵 현장에서까지 스니커즈를 신는 게 그 증거다.

좋은 운동화를 말하기 위해 운동화의 조건이나 역시 같은 걸 발할 필요는 없을 것 같다. 운동화를 고르는 기준은 간단하다. 눈으로 보고 손으로 만질 수 있는 부분이 품질과 연결되는 경우가 많다. 가죽으로 만든 운동화는 물에 강하고 나일론으로 만든 운동화는 가볍다. 밑창이 얇은 운동화는 가볍지만 금방 닳는다. 밑창이 두툼하다 싶은 운동화는 조금 묵직한 만큼 발이 푹신푹신하다. 가격과 품질은 일대일은 아니어도 어느 정도는 비례한다. 더 자세한 건 여러분이 앞으로 돈과 시간을 써서 만져 보고 써 보며 판단하면 된다. 실제로 잘 만든 신발은 눈으로 보고 만져만 봐도 상당 부분 알 수 있다. 적어도 2020년대 한국에서 살 수 있는 운동화 중 품질 기본 요소를 충족시키지 못할 만큼 완성도가 낮은 건 별로 없는 것 같다.

그래서 이번에는 운동화 구매에 관심이 많은 사람들에게 직접 물어보고 의견을 묻기로 했다. 어떤 기준으로 운동화를 고르는지, 그 기준의 근거는 무엇인지.

30대 후반 패션 에디터 A는 원하는 스니커즈의 모양이 분명했다. 밑창이 조금 두껍고 앞부분이 조금 둥글다 싶은 모양. 1990년대 후반에 나온 일상용 러닝화 같은 모양을 생각하면 된다. 요즘 1990년대 레트로라는 말을 붙여 소비되거나 재출시되고 있는 모델이다. 그는 구체적으로 뉴발란스라고 말했다. 실제로 뉴발란스는 신었을 때 편하고 타 브랜드에 비해 내구성이 좋다는 이유로 선택하는 사람이 많다.

운동화의 적정 가격은 얼마일까. 뉴발란스의 튼튼한 운동화는 2023년 기준 10만 원에서 15만 원 사이에 팔리고 있다. 경험상 이 정도면 오래 신기에 충분히 튼튼한 신발을 구입할 수 있다. 유행이 지난 색상이나 모델의 경우에는 이보다 가격이 낮은 것도 있다. 유행에 예민하지 않은 사람이라면 이런 신발을 골라도 일상에 전혀 지장이 없다.

수요와 공급이 있는 한 비싼 물건은 끝없이 나오니 세상에는 더 비싼 운동화도 많다. 세상의 모든 가격에는 이유가 있다. 스니커즈가 값비싸다면 경우의 수는 둘이다. 일반인이 일상에서 접하는 상황을 넘어서는 극한 상황이나 특수 상황에 신는 스니커즈, 혹은 하이패션이나 한정판 등 사람의 미묘한 욕망을 자극하도록 만들어진 스니커즈. 둘 다 각자의 상황이나 기호에 따라 사서 쓰면 그만이다. 합리적인 가격을 훌쩍 넘어간 물건을 굳이 사고 싶어 할 이유는 없다. 합리적인 가격이 아니라고 해당 물건을 비난할 필요도 없다. 모두 각자의 길을 가면 그만이다.

운동화의 기본 판매가가 저렴하다면 거기도 모두 이유가 있다. 반스나 컨버스 등 저렴한 운동화는 구조 자체가 간단하다. 발을 감싸는 천도, 바닥에 대는 고무창도 얇다. 반스의 기본 모델은 땀을 내보내 주는 구멍도 없다. 그만큼 단가가 낮을 테니 판매가도 낮출 수 있다. 반스의 대표적인 신발인 슬립온이나 컨버스의 올스타가 그런 경우다. 저렴한 만큼 금방 망가지는 것도 자연스럽다.

A가 이런 스니커즈를 고르는 이유 중에는 본인의 미적 기준도 있다. 그는 많이 걷지 않는다. 그가 밑창이 조금 두툼하고 앞이 둥근 운동화를 고르는 것과 그의 일상생활은 연관이 없다. A가 그런 신발을 좋아하는 이유는 본인 생각에 그런 모양의 스니커즈가 전반적으로 바지와의 궁합이 좋고, 약간 굽이 높아 다리가 길어 보이기 때문이다. 결국 다 개인적인 기호다.

그런 기호가 맞냐 아니냐가 아니라 그런 기호가 자기에게 있다는 게 중요하다. 미분된 작은 개인적 기호들이 적분되어 내 삶의 모양이 만들어진다. 내 삶의 모양이나 기호가 뭐가 중요하냐 싶을 수도 있고, 그건 일정 부분 사실이기도 하다. 그러나 기호 없는 삶을 살다 보면 종종 스스로의 삶이 투명 인간처럼 느껴지기도 한다. 나중의 허무를 피하기 위해 지금 틈틈이 과하지 않은 정도의 기호를 만들어 두는 것도 나쁘지 않다. 기호가 과하면 그것은 그것대로 허무하다.

기호에는 미적 기호 말고 다른 것도 많다. 캠핑을 즐기는 30대 초반 여성 B는 운동화 소재에 신경을 쓴다. 캠핑하러 다니다 보면 방수 소재 신발이 편할 때가 있고, 그 신발을 일상생활에서도 신기 때문이다. B는 캠핑 말고도 다양한 아웃도어 활동을 즐기기 때문에 바닥이

도톰해 충격을 흡수하거나 발목을 보호하는 것도 중요하게 여긴다. 그 결과 B는 캠퍼라는 브랜드의 스니커즈를 자주 신는다고 했다. 이 역시 본인의 생활에서 나온 기호다. 매일 차량으로 이동하고 비 오는 날에는 외출을 자제한다면 B처럼 본격 아웃도어 신발을 살 필요가 없다.

기호는 본인의 업무와도 연결된다. 나와 자주 작업하는 사진가 C는 뉴발란스의 특정 운동화를 계속 신는다. C는 나와는 주로 다큐멘터리성 사진 작업을 한다. 유명한 한류 스타와의 작업도 많이 진행한다. 실내 스튜디오 사진 작업이 아니라면 사진 촬영 작업은 계속 서 있거나 움직이는 일이다. 발에 무리가 갈 수밖에 없다. 직업 특성상 나와 다큐 성격의 촬영을 할 때는 하루 종일 걸어야 할 때도 있다. 연예인과 앨범 재킷 촬영을 할 때는 하루 종일 서 있어야 한다. 그렇다면 가볍고도 튼튼한 소재로 만들어졌고, 밑창의 두께도 적절해서 오래 신어도 발에 무리를 주지 않는 그 신발이 이해가 간다. 그에게는 신발도 작업 도구의 일부다. 그가 신는 신발은 최근 단종되어 가격이 조금 올랐지만, C는 그래도 두 켤레쯤 더 사 두려 한다고 했다.

그가 특정 브랜드의 특정 신발을 신는 이유 중 하나

는 그의 발 모양 때문이다. 사람마다 발 모양이 다르다. 세상에는 자신의 취향이나 선호도와 관계없이 신체적으로 도저히 맞지 않는 신발이 있다. C는 발볼이 넓은 편이기 때문에 보통의 운동화를 신으면 발이 아프다고 했다. 반대로 발 폭이 좁은 사람이 일반적인 신발을 신으면 신발에 남는 공간이 너무 많아 불편할 것이다. 여러분의 발 역시 폭이 넓거나 좁거나 발등이 높거나 낮을 수 있다. 본인의 발에 맞는 신발을 신는 건 발뿐 아니라 정신 건강에도 좋은 일이다.

아이에게 신발을 사 주는 학부모의 마음은 어떨까. 중학생 자녀를 키우는 D에게 물어보았다. D는 본인도 운동화를 좋아하는 편이라 운동화 한 켤레에 약 20만 원까지 지출할 수 있다고 했다. 자녀의 운동화에 쓸 수 있겠다고 생각하는 비용도 그와 비슷했다. 청소년이 쓰기에 조금 비싼 물건 아닌가 싶기도 하지만 그의 말을 그대로 옮기면 자녀 앞에서 "마음이 약해져서" 지갑을 열게 된다고 했다.

D가 엄격한 부분도 있다. 그는 스니커즈 이야기를 묻자 아이가 아무리 간절해도 사 주지 않았던 스니커즈 이야기를 해 주었다. 휠라에서 판매한 굽 높은 운동화다. 첫째 아이가 굽 높은 운동화를 무척 신고 싶어 했으

나 그는 허락하지 않았다. 그의 생각에 따르면 굽 높은 운동화는 운동화 본연의 기능을 하지 못하기 때문이었다. 현대 사회에서 운동화 본연의 기능을 묻는 건 상당히 심오한 이야기로 넘어갈 수 있으니 이참에 부모 자식 간에 운동화 본연의 기능에 대해 논할 수 있다면 상당히 교육적인 시간이 될 것 같다. 제삼자이지만 나도 청소년의 발목 건강만 생각하더라도 안 사는 게 나을 것 같다. 한겨울에도 맨다리로 다니는 청소년들을 보면 뭔들 못 입겠나 싶기도 하지만.

학부모의 정반대 편에 있을 사람 이야기도 들어야 균형이 맞을 듯해 트렌디 패션 에디터 E에게도 전화를 걸었다. 그는 온갖 트렌드에 노출되어 있으면서도 자신은 늘 '근본템', 즉 특정 브랜드의 스테디셀러 운동화를 산다고 했다. 그가 이름을 댄 '근본템'은 나이키 에어 포스 원 같은 제품이다. 근본템에 대한 그의 말은 그야말로 세속의 패션 레슨이기 때문에 더 많은 분께 옮길 가치가 있다고 본다.

"사람에 따라 신발을 가장 먼저 보는 사람들도 있다. 그야말로 신발은 취향의 집약체, 자신의 취향을 명확히 드러내는 것이다. 너무 유행하는 신발을 신으면 지나치게 멋 부린 이미지지만, 대표 브랜드의 대표 신발을 신으면 적당히 자신의 취향을 보여 줄 수 있다." 운동화는 이제 일상 복식의 일부이니, 복식의 사회적 측면을 고려하면 이 말에도 충분한 설득력이 있다.

스니커즈에 대해 한마디씩 해 준 친구들이 공통으로 했던 말이 있다. 유행하는 거 사지 마라. '자기다운 신발을 신어야지 유행하는 걸 신어선 안 된다'처럼 도덕책에 나올 법한 말이 아니다. "언젠가는 그 물건을 가졌던 자신이 부끄러운 날이 온다" "줏대 없어 보인다" "본연의 기능과 상관없는 요소다" "나중에 후회한다" 등의 이유에서였다. 나도 다 동의하는 부분이지만 어찌 생각해 보면 겪어 봤기 때문에 하는 말일 수도 있겠다. 이를테면 특정 운동화를 사고 싶어서 이성을 잃은 청소년에게 이런 말은 전혀 와닿지 않을 것이다.

세상의 많은 일은 체험해야 체감할 수 있고 뭔가를 잃어야 잊지 않을 수 있다. 자신의 몸을 써서, 자신의 자원을 써서, 자신의 소중한 뭔가를 얻거나 잃어야지만 몸에 새겨지는 교훈이 있다. 유행한다는 이유만으로 고가의 신발을 무리해서 장만하고 그 찰나의 기쁨을 누리는 것이나 그 이후의 긴 허무함을 느끼는 것은 모두 자신이 감당할 몫이다. 그런 반성의 기억 하나쯤은 있어도 나쁘지 않을 것 같지만.

만약 스니커즈 같은 건 전혀 관심 없어서 뭘 사야 할지 모르겠다는 사람이 예산은 적당히 10만 원 내외로 하고 너무 유행을 따르는 것처럼 보이고 싶지는 않으나 그렇다고 너무 촌스럽게 보이고 싶지도 않다면 어떤 스니커즈로 사야 할까라는 질문을 한다고 가상의 상황을 생각해 보았다. 그 결과 생각난 답은 '근본템'을 말한 패션 에디터 E의 의견과 같다. 글로벌 유명 브랜드의 유명 라인업이다. 나이키, 아디다스, 푸마, 뉴발란스, 아식스, 컨버스, 반스 등의 브랜드에서 나오는 기본 모델을 구입하신다면 도시 깍쟁이들이 모인 곳에서도 큰 무리 없이 다리를 꼬았다 폈다 할 수 있다.

요즘 나는 악성 재고 운동화를 산다. 세상에는 운동화가 너무 많고, 모든 브랜드와 제품이 온당한 평가를 받을 수 있는 세상은 없다. 인터넷 검색을 조금만 하면 세계의 상징적인 운동화를 거의 다 알 수 있고, 그중에는 한국 시장에서 저평가된 신발이 분명히 있으며, 클릭 몇 번으로 그런 신발들을 반값에 살 수 있는 쇼핑몰에 바로 들어갈 수 있다. 결론적으로는 인기 없는 브랜드의 인기 없는 색상의 신발이긴 하나 평소에 신을 때는 아무 문제가 없다. 그런 신발들을 신으며 선택하고 선택받는 일의 오묘함에 대해 생각하곤 한다.

{ 5 }
니트

『위대한 개츠비』의 유명한 장면 중 주인공 개츠비가 등장인물 데이지에게 셔츠를 마구 던지는 장면이 있다. 맥락은 이렇다. 개츠비는 돈을 많이 벌어 호화롭게 산다. 짝사랑하는 데이지에게 자신의 부를 보여 주고 싶어 한다. 그래서 그는 데이지를 자기 집에 초대한다. 옷장 하나 가득 런던에서 맞춰 온 셔츠가 색깔별로 접혀 있다. 개츠비는 그걸 보여 주려 옷장 안에 있던 셔츠들을 던진다. 접혀 있던 색색깔의 셔츠들이 깃털처럼 공중에서 날린다. 데이지는 그 셔츠 사이에서 운다. 이렇게 아름다운 건 본 적이 없다면서.

이 장면에는 여러 함의가 있다. 그건 여러분이 세속

적인 사람이라면 자연스럽게 깨달을 것이다. 세속적인 정도가 높을수록 더 잘 이해할 수 있을 거라 생각한다. 그 깨달음의 맛은 달콤하지 않으니 그런 걸 모르고 살아도 괜찮을 거라고도 생각한다. 이 장면의 씁쓸한 함의와 상관없는 사실이 하나 있다. 색색의 옷이 가득 쌓여 있으면 상당히 풍요로워 보인다는 점이다. 실제로 『위대한 개츠비』는 세 번 영화화되었는데 세 영화 모두 해당 장면을 영상화했다.

모양이 같은 옷이 색깔별로 많이 쌓여 있으면 지금도 풍요로워 보인다. 미국풍 캐주얼 의류를 만들어 세계적으로 유명한 폴로 랄프 로렌이라는 브랜드가 있다. 이 브랜드는 가을이 되면 자사의 신상품 니트를 매장 벽 가득 전시한다. 색색깔의 니트는 랄프 로렌을 세계적으로 유명하게 만들어 준 품목이기도 하다. 랄프 로렌은 다양한 색의 니트를 매년 조금씩 다른 색깔로 발매했다. 그 전략이 아주 큰 성공을 거두어 랄프 로렌은 색색깔 니트를 본격적으로 취급한 이후 체급이 다른 브랜드로 성장했다. 색색의 니트가 벽 한가득 채워진 모습은 추수가 끝난 뒤 쌀자루가 늘어선 모습처럼 풍요로운 느낌을 준다. 그 풍요로운 느낌에 모두 홀린 듯 지갑을 여는 걸지도 모른다.

울 100퍼센트라는 구절 하나만으로 아주 많은 이야기를 할 수 있다. 울 100퍼센트는 품질의 증명이자 인류 역사의 한 증표이자 마케팅의 산물이다. 동시에 울 100퍼센트라는 말로는 다 담지 못하는 정보도 있다. 다 담지 못하는 게 훨씬 많다. 이 모두를 포함해 울 100퍼센트라는 말을 설명하려면 이 질문에서부터 출발해야 한다. 울은 무엇인가?

동물의 털 전부가 울의 소재다. 양털이 가장 많다. 그 밖에 카슈미르 염소, 알파카, 앙고라염소, 토끼, 낙타, 비쿠냐 등의 털로 만들어도 모두 울이라 부를 수 있다. 앞선 초식 포유류의 이름이 의미 있는 이유는 이 동물의 종류에 따라 털의 성질이 달라지기 때문이다. 털의 성질이 다른 것이 중요한 이유는 동물의 털에서 섬유가 나오기 때문이다. 섬유에서 실을 뽑는다. 실로 원단을 짠다. 원단으로 옷을 만든다. 울의 촉감은 운명론과도 비슷하다. 공정 중 많은 가공이 일어나지만 결국 털의 성질이 옷의 촉감을 좌우한다.

사람들을 홀리는 색색깔 니트의 색은 언제 만들어질까? 이건 생각 외로 심오한 질문이다. 의류는 원단으로 만든다. 원단은 실로 짠다. 실을 지으려면 원섬유가 필요하다. 즉 섬유 - 실 - 원단을 거쳐야 우리가 입는 옷이 만들어진다. 섬유, 실, 원단 중 어느 단계에서 염색을 할까? 섬유나 실이다. 원단 단계에서 염색을 하는 경우는 후염이라는 말로 따로 부른다. 반대로 섬유나 실 단계에서 염색을 하면 선염이다. 즉 옷의 색은 섬유나 실 단계에서 이미 결정된다.

그래서 시즌 색이라는 개념이 생긴다. 유행은 즉각적이지만 옷을 만들려면 시간이 걸린다. 지금 온오프라인 의류점에서 볼 수 있는 니트의 색은 이미 최소 몇 개월 전에 정해져 있다. 6개월 후의 계절에 무슨 색이 유행할지 알 수는 없지만 판매자나 생산자 입장에서 판매를 하려면 매번 다른 새로운 색을 만들어 내야 한다. 동시에 똑같은 시즌 색은 없기도 하다. 공장제 대량생산도 매번 똑같은 색을 낼 수는 없다. 자연과 인간이라는 변수가 적용되는 일이니까. 같은 브랜드의 같은 색 니트를 2년 연속 사서 비교해 본다면 미세한 차이를 감지할 수 있다. 여기서 색이 달라지는 건 에러가 아닌 자연의 섭리다. 자신과 남에게 엄격한 것도 좋지만 그런 자연의 섭리를 이해하지 못한 채 혼자 깐깐하고 예민한 양 구는 사람들이 있다. 벌거벗은 임금님처럼 우습고 피곤한 사람이 되는 지름길이다. 이 책을 만든 이유 중에는 여러분이 그런 사람이 되지 않길 바라는 마음도 있다.

니트의 촉감과 품질은 상당 부분 실에 달려 있다. 소재부터 생각해 보면 모든 옷이 만들어지는 과정은 같다. 소재 - 섬유 - 실 - 원단 순으로 옷이 만들어진다. 양모 울의 원소재는 깎아 낸 양털이다. 바로 깎은 털에는 기름과 풀 등 이물질이 묻어 있다. 그걸 깨끗하게 다듬으면 울 솜이 된다. 울 솜으로 실을 만든다. 실은 굵어질수록 무겁다. 굵은 실은 피부를 자극한다. 입는 사람이 불편을 느낀다. 대신 실이 굵은 만큼 더 따뜻하고, 가공을 덜 했으니 상대적으로 저렴하다. 그게 겨울에 입는 까슬까슬한 니트다.

소재 - 섬유 - 실 - 원단으로 이어지는 과정에서 수많은 요소들이 우리의 실제 촉감에 영향을 미친다. 예를 들어 양털이 캐시미어의 털보다 굵다. 그러나 그 털을 실로 만들 때는 얇게 뽑을 수도 있다. 그게 '몇 수'라는 개념이다. 1킬로그램의 섬유 원재료 안에서 몇 미터의 실을 뽑아낼 수 있냐는 개념이다. 1킬로그램 안에서 더 많은 실을 뽑을수록 더 얇아질 것이고, 같은 부피의 섬유에서 더 많은 실을 뽑아낼수록 실은 더 가볍고 얇아질 것이다. 가볍고 얇은 실을 만드는 데에는 비용이 더 들겠지만 가벼운 실을 짜서 원단을 만들면 그만큼 무게도 가볍고 촉감도 좋아질 것이다. 사양과 가격 사이에서 적절한 지점을 찾는 게 텍스타일 디자이너의 일이고, 그 적절한 원단으로 그에 걸맞은 옷을 대량생산 가능한 수준으로 만드는 게 패션 디자이너의 일이다.

말이 나온 김에 실의 굵기와 그 단위를 알아 두면 니트 말고 다른 옷을 볼 때도 도움이 된다. '몇 수'라는 개념은 울뿐 아니라 면 등 모든 원사류에 적용할 수 있는 개념이다. 면 역시 더 얇은 섬유로 더 얇은 실을 만든다면 더 부드러운 촉감을 느낄 수 있다. 예를 들어 영국의 존 스메들리 같은 브랜드는 니트로 유명한데, 이 브랜드는 울뿐 아니라 길고 얇은 면 원사를 사용해 니트를 만들기도 한다. 그런 옷은 면 니트라 해도 보통 옷에서는 접해 보지 않은 느낌이 난다.

얇은 실도 장단점이 확연하다. 실이 얇다면 얇은 만큼 가볍다. 실이 얇으니 피부를 찌를 힘이 없다. 그만큼 사람이 편안하다. 대신 실이 얇으니 보온성과 내구성이 상대적으로 떨어진다. 섬세하게 뽑은 실로 만든 원단이니 비싸다. 그게 얇은 실로 짠 이른바 '슈퍼 파인 울' 니트다. 실을 가늘게 뽑으면 옷이 부드러워진다. 우리가 니트를 입을 때 까슬까슬한 감촉을 떠올리는 이유는 까슬까슬하게 뽑은 굵은 실로 만든 니트를 입었기 때문이다.

앞서 울은 운명론과 비슷한 면이 있다고 했다. 운명은 극복할 수 있다. 울도 마찬가지다. 옷을 구경하다 보면 캐시미어보다 비싼 양털도 있고 캐시미어라도 저렴한 경우가 있다. 제조 공정에서의 차이가 이유 중 하나다. 양털이라도 아주 얇게 실을 뽑아 니트를 만들면 캐시미어 못지않게 부드럽고 가볍다. 다만 그만큼 비싸진다. 공정이 정밀하니까.

실 만들기는 간단하면서도 심오하다. 울 섬유인 솜뭉치가 방적기로 들어가서 실이 되어 나온다. 방적기는 영어로 '스피닝 머신'spinning machine, 우리에게 익숙한 말로는 물레다. 말 그대로 솜이나 털을 자아 물레바퀴에 감아 돌리면 긴 실로 뽑혀 나온다. 솜을 이루는 섬유의 굵기는 실의 굵기와도 직결된다. 실의 굵기는 울 원단의 촉감으로 이어진다. 이 실로 울 원단을 만드니까. 방적을 인간의 손과 발로 하다가 기계의 힘으로 하게 된 게 산업혁명이다. 그리되니 일자리가 사라졌다. 분노한 영국 노동자들이 기계를 부쉈다. 그게 아직까지 회자되는 러다이트 운동이다. 니트 하나에도 세계사가 담겨 있다.

섬유나 실에 색을 입히면 원단을 만들 차례다. 원단을 만드는 방법은 크게 두 가지다. 제직과 편직. 제직으로 만든 게 직물이고 편직으로 만든 게 편물이다. 직조는 바구니를 짜듯 가로실과 세로실을 짜는 방식이다. 2020년 영화 『기생충』을 보고 어느 영화평론가가 평을 하며 "명징하게 직조"라고 말할 때 쓴 그 직조다. 직조는 섬유 제조라는 전문 분야의 용어다. 직조가 명징하게 되지 않으면 불량이다. 그러므로 "명징하게 직조"는 멋은 부렸으나 하나씩 따져 보면 별 의미가 없는 얄팍한 상징임을 알 수 있다. 명료한 문장을 만들고자 하는 분이라면 저런 표현은 쓰지 않길 바란다.

오늘의 주인공인 니트는 직물이 아닌 편물이다. 직물이 씨실과 날실을 직선 구조로 짜서 만들었다면 편물은 각 실을 뜨개질하듯 곡선 구조로 짜서 만든다. 그래서 직물은 영어로 위빙weaving이 되고 편물은 니팅knitting이 된다. 여기서 '니트'라는 말이 나왔다. 모든 실이 곡선을 그리기 때문에 니트는 당겼을 때도 탄력이 있다. 이 원단을 재료 삼아 패턴을 뜬 뒤 그 패턴을 조립하면 한 벌의 옷이 완성된다. 즉 '니팅'은 의류 제조의 문법이기 때문에 울 니트뿐 아니라 면 니트 혹은 화학섬유 니트, 혹은 혼방 니트도 나올 수 있다. 광택감이 조금 있고 벗을 때 정전기가 팝콘처럼 튀는 니트라면 아마 울 니트가 아닌 아크릴 니트일 것이다.

생각해 보면 이건 대단한 일이다. 자연 상태의 섬

유는 양털 솜 뭉치처럼 3차원 불규칙 상태다. 이걸 실로 자아내 선이라는 1차원 형태(현미경으로 보면 엄연한 울만의 3차원 형태를 갖고 있으나 여기서는 논리 흐름상 1차원으로 쳤다)로 만든다. 1차원의 실을 편직해 2차원의 원단(면)으로 만든다. 사람의 몸은 3차원 형태다. 2차원 형태의 원단이 3차원 형태의 인체를 감쌀 걸 고려해 옷을 설계하는 게 패션 디자인이다. 선에서 면으로, 면에서 입체로 발전하는 옷 만들기는 결코 간단하지 않으며 지금도 쉬운 일이 아니다. 옷 만들기가 글로벌화되고 표준화되어 의류 가격이 저렴해진 것이야말로 현대 문명의 마법이다.

고급품의 특징 중 하나는 상반된 요소를 동시에 충족시키는 것이다. 울에도 그 원칙이 적용된다. 가볍고 따뜻하다면 비싸다. 가볍고 따뜻한 울 원단을 만들려면 얇으면서도 보온성이 좋은 동물의 털을 찾아야 한다. 그런 동물이 세상에 있다. 카슈미르 산맥의 염소들이다. 그 염소의 털로 만든 섬유가 캐시미어다. 털의 양도 적고 제작 공정도 까다로워서 비싸다.

니트의 가격을 결정하는 요소는 무엇일까. 마케팅이나 브랜드값 등을 빼고 원단과 관련된 요소로 살펴보면 판단에 도움이 된다. 니트는 소재의 종류 자체가 가격에 영향을 미친다. 니트는 동물의 털로 만든다. 주로 양. 그 외 산양이나 알파카 등의 털로도 니트를 만드는데 품질이 좋고 생산량이 적어 가격이 올라간다. 양의 서식지도 가격과 품질에 영향을 미치는 변수다. 오스트레일리아나 뉴질랜드 등 신대륙의 양털은 영국 양의 털보다 더 부드럽다. 신대륙의 기후가 영국의 기후보다 온화해서다. 와인 등에서 자주 쓰는 개념인 테루아가 니트에도 적용되는 셈이다. 고가품 브랜드는 비싼 가격을 합리화시켜야 하니 이런 요소들을 자사 브랜드 스토리에 포함시킨다. "거친 히말라야산맥에 살고 있는 산양의 털로 만든 니트" 같은 식으로. 맞는 말이지만 마케팅용 서사이기도 하니 적당히 걸러 들으면 된다.

나의 구매 경험상 양털 니트는 가격과 부드러운 정도가 어느 정도 비례했다. 알파카나 낙타의 털로 만든 니트는 나름의 광택이나 촉감 등 차이점이 확실히 있으나 그게 구매에 큰 영향을 줄 정도의 변수는 아니었다. 작지만 작은 차이점을 위해 더 지불해야 하는 비용도 적지 않다. 아울러 요즘은 원단의 품질뿐 아니라 해당 의류의 브랜드 가치나 마케팅 비용까지 의류 가격에 포함되어 소비자의 의중을 흐린다. 평범한 소비자가 제작 공정에 심혈을 기울이며 마케팅에만 몰두하지 않는 브랜드를 분별하기란 쉽지 않다. 그런 곳은 마케팅에 치중하지 않아 사람들이 잘 모르기 때문이다. 지금은 종로구 창성동에 자리한 바버샵은 고급 소재와 생산물의 정통성 위주로 골라 온 물건을 가져다 둔다. 이들은 매년 가을 스코틀랜드산 양털 니트를 색색깔로 취급하는데, 그 시기에 가서 좋은 품질의 니트에 대해 물어보면 친절한 설명을 들을 수 있다.

니트의 품질에 대해 설명까지 필요할까? 물론이다. '겨울 감성' 같은 정도의 느낌 말고 실제의 니트 제작 공정은 산업공학적 방정식을 따른다. 특정 원재료를 특정한 굵기의 실로 뽑아서 특정한 두께의 편물로 만들었을 때의 생산량은 이미 공식화되어 정리되어 있다. 얼마나 실을 굵게 혹은 얇게 뽑느냐, 얼마나 염색을 하느냐, 그 실로 어떤 모양의 편물을 만드느냐, 따뜻한 게 먼저냐 가벼운 게 먼저냐, 이 제품이 건강한 마진을 갖기 위해 원가는 얼마나 되어야 하냐, 이 외에도 여러 가지 질문이 있다. 원단을 만드는 사람과 패션 디자이너는 이 변수 사이에서 최적의 어느 값을 찾는다. 모든 니트는 그 고민의 결과물이다.

니트를 의류 제조의 방법론으로 본다면 꼭 울로만 만들어야 좋은 니트인가 싶을 수 있다. 그렇기도 하고 아니기도 하다. 양털의 장점은 어느 정도의 보온성과 통기성이 동시에 확보된다는 점이다. 양털을 두르면 따뜻하고, 양털은 천연 소재라 바깥과 공기가 잘 오간다. 이걸 '통기성이 좋다'는 말로 표현한다. 대신 캐시미어 대비 무게가 무겁고 까슬까슬하다. 이 사이에서 균형을 맞추기 위해 실의 두께나 원단의 두께를 고른다. 원단의 밀도는 편물 가로세로 1인치 안의 바늘 개수로 결정되는데, 같은 면적에서 수가 높아질수록 바늘이 늘어날 테니 원단이 부드럽고 그만큼 비싸진다. 이 사이에서 의류회사는 가격을 맞추기 위해 여러 시도를 한다. 실의 굵기를 조절하거나, 울보다 저렴한 다른 화학 소재를 조금씩 섞는 식이다. 이 모든 변수가 작동해 우리의 촉감과 잔고에 영향을 미친다.

문명은 스마트폰 운영체제 업데이트처럼 점점 복잡해진다. 울 니트를 둘러싼 변수는 그뿐만이 아니다. 어떤 동물 털을 쓰느냐, 양털을 쓴다면 그 양의 고향은 어디냐, 실을 얼마나 얇게 뽑아내느냐, 다른 종류의 섬유는 얼마나 섞느냐, 어느 나라(이탈리아? 중국? 프랑스? 일본? 베트남?)에서 만들고 어느 브랜드(패션 브랜드 혹은 원단 전문 브랜드)의 태그를 달고 출시되느냐, 이런 요소들을 통해 같은 '울 100퍼센트'라도 품질과 가격에 편차가 생긴다.

가격을 생각하지 않고 이상적인 니트의 조건을 말한다면 이런 것이다. 고운 동물 털을 수급해 염색을 잘하고 부드러운 실로 잣는다. 잘 염색된 실로 아름다운 원단을 만든다. 그 원단으로 패턴을 잘 떠서 튼튼하면서도 부드러운 니트를 만든다. 양털은 오스트레일리아나 뉴질랜드의 메리노 양 혹은 스코틀랜드의 셰틀랜드 양. 카슈미르 산맥에 사는 캐시미어라면 좋겠다. 다만 이런 니트를 서유럽의 고급품 브랜드 매장에서 구매한다면 웬만한 회사원의 월급보다 비싼 값을 내야 한다. 세상에는 비싸기 위해 비싸지는 물건이 있다. 비싸다는 이유만으로 그런 물건을 사는 사람들을 위한 물건이다. 모든 사람들을 위해 만들어지는 물건이 아닌 만큼 모든 사람이 그 물건에 관심을 가질 필요도 없다.

소비자 입장에서 니트를 견주어 보기 쉬운 기준은 옷 안에 달려 있는 태그이다. 각 섬유 함량이 몇 퍼센트인지, 생산국은 어디인지, 섬유 함량과 생산국을 따져 보았을 때 해당 제품의 가격이 적절한지를 어느 정도 가늠할 수 있다. 옷은 피부에 직접 닿는 품목이므로 직접 만져 보고 입어 보는 것도 중요하다. 온라인 쇼핑몰로 촉감을 느낄 수는 없으니 직접 가서 입어 보면 더 좋다.

예산에 한계가 있다면 중고 옷을 찾아보는 것도 흥미로운 경험과 배움의 기회가 될 것이다. 니트는 섬유와 방직 기술의 산물이기 때문에 옛날 것과 요즘 것의 차이가 확실하다. 그 차이는 예전에 만들어진 니트를 사 보면 알 수 있다. 질 좋은 옛날 니트는 중고품 시장에서 쉽게 살 수 있다. 그런 옛날 니트를 관찰하다 보면 스스로 고급품의 조건이 무엇인지 깨닫게 된다. 그런 식으로 직접 지식과 정보를 캐내는 건 아주 중요한 경험이라고 생각한다.

색 이야기로 시작했으니 색 이야기로 마무리하겠다. 영국 민담의 주인공 로빈 후드는 초록색 옷으로 유명하다. 그 초록색은 중세 영국의 양모 교역 중심지 링컨에서 만든 특산 직물인 '링컨 그린'의 색이다. 링컨 그린으로 만든 울은 당시 영국 최고 품질의 직물이었고, 그 말인즉슨 링컨 그린 옷을 입을 수 있는 신분이 따로 있었다는 뜻이다. 옷은 그 자체로 지위와 신분의 상징이었고 14세기 영국에서는 신분이 낮으면 비단옷은 입지도 못했다. 21세기에도 차별과 격차는 있을 수 있으나 적어도 우리가 원하는 색의 니트쯤은 입을 수 있다.

역사는 발전과 퇴행을 반복하지만 오늘날의 세상은 그 자체로 아주 큰 진보의 결과물이다. 당장 모르는 게 있을 수는 있으나 요즘 세상처럼 다양한 고급 정보에 편안하게 접속할 수 있는 시대도 없다. 이 시대의 특성과 장점을 잊으면 우스운 불평꾼이 된다. 나는 이 글을 읽으시는 분들이 우스운 사람이 되지는 않길 바란다.

{ 6 }

야구모자

내가 기억하는 한 태어나서 처음 내 의지로 산 브랜드 제품은 야구모자다. 정확히 말하면 가장 먼저 샀던 정품 브랜드 제품이 야구모자였다. 어릴 때는 동대문시장에서 팔던 가짜도 종종 샀기 때문이었다. 내 부모님은 제한된 환경 속에서 최선을 다해 나를 키우시느라 고가의 브랜드 제품을 사 줄 만큼의 여유는 없었다. 내가 모자를 사던 1990년대 중후반에는 여타의 물건과 별반 다르게 생긴 것도 아닌데 로고나 색만 조금 다른 걸 '브랜드'라고 부르며 몇 배나 되는 값을 지불하는 풍조가 지금처럼 강하지 않았다. 그때는 '브랜드'와 '메이커'라는 말을 섞어 불렀다. 생각해 보니 그 둘은 큰 차이가 없기도 한

데 이제는 아무도 '메이커'라는 말을 쓰지 않는다.

나의 첫 브랜드 야구모자는 폴로 스포츠의 빨간색 야구모자였다. 빨간색 중에서도 새빨간 게 아닌 약간 물 빠진 빨강이었고, 얕은 모자 깊이에 햇빛을 가려 주는 챙은 딱딱하지 않고 부드러웠다. 그때 유행하던 폴로의 야구모자와는 다르게 생겼다. 폴로의 야구모자는 그때나 지금이나 남색, 베이지색 등의 색에 말을 타고 폴로 경기를 하는 폴로의 로고가 자수로 새겨져 있다. 앞판은 딱딱하고 챙 역시 딱딱하고 긴 편이라 푹 눌러 쓰면 얼굴이 많이 가려진다. 내가 산 모자는 달랐다. 깊이가 얕고 챙이 부드러워 아무리 눌러 써도 얼굴이 가려지지 않았다. 그래도 그게 내 물건이었다. 나는 내 물건을 좋아할 수밖에 없었다.

이십수 년이 지난 후 누군가에게 그 물건에 대한 이야기를 할 거라곤 생각도 못 하던 어느 보통 청소년은, 그러니까 그때의 나는 그 물건이 너무 갖고 싶었다. 왜 그 물건은 집에 있던 야구모자와 별 기능 차이가 없음에도 훨씬 비싼지, 왜 갖고 싶은지, 왜 내가 그걸 가져야만 하는지에 대해 제대로 된 설명도 하지 못하면서. 이제 조금은 안다. 물건마다 조금씩 만듦새가 다르다는 것. 그 만듦새는 느린 템포의 노래처럼 천천히 드러난다는 것. 만듦새가 아니라도 사람을 현혹시키는 여러 장치가 있다는 것. 그 심리적 현혹 시스템으로 인해 사람이 무분별한 소비를 하기도 한다는 것. 지금 적고 있는 원고는 어른이 된 내가 그때의 나에게 건네는 이야기일지도 모른다.

그때 산 빛바랜 빨간색 폴로 스포츠 야구모자는 아직도 집에 있다. 기능적으로 전혀 문제없이 원래의 소임을 한다. 내가 그 야구모자를 쓰고 격렬한 야구를 하지 않기도 했고, 그 야구모자가 기본적으로 나무랄 데 없이 만든 물건이기도 했다. 색은 조금 더 바랬지만 햇빛을 가린다는 야구모자의 본래 기능은 여전하다. 폴로 스포츠는 부침을 겪은 후 세상에서 완전히 사라졌다가 몇 년 전 1990년대 레트로 붐을 타고 다시 발매되었다. 하다못해 야구모자 브랜드 하나만 봐도 인생은 모를 일이다.

야구모자는 이름처럼 야구할 때 쓰는 모자다. 야구모자는 야구모자를 태어나게 한 야구보다 세계적으로 훨씬 많이 퍼져 있다. 나는 아프리카를 제외한 전 세계 대륙으로 출장을 다녔다. 그중 야구모자를 살 수 없던 나라는 하나도 없었다. 그중에는 야구를 전혀 하지 않는 국가도 많았는데도. 그럴 법도 하다. 고도화된 프로야구 리그가 있는 나라는 전 세계에서 몇 되지 않기 때문이다

(한국이 그중 하나다). 이렇게 볼 수도 있겠다. 영국이 세계에 축구를 남겼다면 미국은 야구모자를 남겼다고.

야구모자의 경우에도 역사를 살펴보는 재미가 있다. 야구모자는 19세기인 1800년대 중반에 만들어졌다고 알려졌다. 1863년의 사진 자료에서부터 야구선수가 머리에 모자를 쓰고 있는 걸 볼 수 있다. 여러 구기종목 중 미국에서 특히 많이 즐기는 실외 구기 종목인 야구·미식축구·아이스하키는 일종의 헤드기어를 착용한다.

헤드기어라 해도 쓰임이 다르다. 미식축구와 아이스하키의 헤드기어는 헬멧 기반이다. 두개골과 안면 부상에서 선수의 머리와 얼굴을 보호하는 역할을 한다. 야구모자는 햇빛이나 먼지 따위를 막기 위한 모자 기반이다. 상상하기 쉽지 않을 수도 있지만 중절모의 높이가 점점 낮아지고 챙이 앞부분만 남았다고 생각하면 된다. 야구모자는 햇빛으로부터 선수를 보호하기 때문이다. 직사광선 아래에서 오래 서 있어야 할 때가 많고, 하늘에서 날아오는 작은 공을 잡아야 할 때가 많다. 햇빛으로부터 머리를 보호하고 챙을 내어 눈으로 내리쬐는 직사광선을 가려주는 장치가 필요하다. 야구모자 역시 의복 진화의 결과물이라 볼 수 있다.

야구모자는 크게 세 부분으로 나뉜다. 머리를 감싸

는 크라운(머리) 부분, 햇빛을 가려 주는 챙(캡) 부분 그리고 사이즈를 만들어 주는 부분. 머리를 감싸는 부분은 보통 6개나 8개의 부품으로 이루어져 있다. 2차원으로 보면 종 모양의 천 조각이다. 이걸 이어 꿰매면 완만한 돔 형태로 머리에 얹는 3차원 형태가 된다. 그 크라운의 앞쪽에 챙을 붙이고, 뒤쪽에 사이즈 조절 장치를 붙이면 야구모자가 완성된다. 이 기본형은 20세기에 정립되어 이제 변하지 않는다. 진화를 거쳐 형식이 완성된 디자인이라 봐도 되겠다.

형식이 완성된 것과 다양성이 생기는 건 별개다. 야구모자는 기초 형식 안에서 아주 다양한 형태로 분화할 수 있다. 머리를 감싸는 부분의 깊이가 깊은가 얕은가에 따라 머리에 쓸 때의 착용감과 안정감이 달라진다. 챙 길이가 긴지 짧은지, 앞면이 딱딱한지 부드러운지, 이런 요소들도 모자를 썼을 때의 모습과 착용감에 영향을 미친다. 챙은 180도로 펴져 있기도 하고 아니면 쉽게 구부릴 수 있기도 하다. 사이즈 조절 장치 역시 끈 방식, 벨크로 방식, 버클 방식, 사이즈가 고정되어 뒤가 막힌 방식 등 다양하다. 이 역시 사용하는 사람의 특징과 상황에 따라 최적의 야구모자가 다를 수 있다.

좋은 야구모자의 조건 역시 크게 어렵지 않다. 기본

만듦새가 야구모자 완성도의 처음이자 끝이다. 20세기에 미국에서 생산한 야구모자는 울의 한 종류인 플란넬로 만들었다. 이런 소재는 시간이 지나며 사람의 손길이 묻을수록 멋지게 낡아 간다. 꼭 플란넬로 만들지 않아도 된다. 면이나 나일론 등 모자의 용도나 디자인에 따라 합성 소재로 만들어도 즐기는 데에는 무리가 없다. 장단점 역시 확연하다. 보통 튼튼한 옛날 소재는 오래 가는 대신 무게가 무겁고 별도의 손질이 필요하다. 나일론 등의 석유화학계 소재는 무게가 가볍고 색이 다양한 대신 오래 썼을 때 튼튼한 소재보다 안정감이 덜하고 직사광선 등에도 약한 편이다. 모자의 깊이나 챙의 길이 같은 건 개인적인 기호의 변수이지 품질의 변수는 아니다.

이 정도 이야기를 풀어놓아도 소비자 입장에서는 여전히 궁금증이 남는다. 그렇다면 왜 어떤 야구모자는 2만 원이고 어떤 야구모자는 7만 원일까. 이 부분의 궁금증을 풀기 위해 야구모자를 제작하고 판매하는 현직 디자이너에게 물었다. 브랜드 '새터데이 레저 클럽'을 운영하는 엄효열 대표의 말이다.

"보통 의류의 품질을 결정하는 것은 크게 봉제와 원단입니다. 의류의 용도에 적합한 원단의 품질과 봉제 품질이 중요합니다. 봉제의 품질은 보통 1인치에 몇 개의 스티치(땀)가 들어가는지에 따라 정해집니다." 같은 길이 안에서 스티치가 더 많다면 그게 더 공정이 많고 튼튼하다는 뜻이다. 그렇기 때문에 가격이 더 올라간다고 생각할 수도 있다. 공정의 디테일은 이뿐만이 아니다. "모자 공장에서 모자를 만드시는 분들과 이야기를 나눌 때는 중앙의 봉제선이 수직 일자로 떨어져 정중앙에 위치하는지로 품질을 가늠하는 것 같습니다."

좋은 야구모자의 원단은 어떨까. "야구모자는 햇빛을 가리는 모자입니다. 시중의 면 원단은 직사광선에 취약합니다. 그래서 면 원단보다는 폴리와 면이 적절하게 섞인 소재를 씁니다. 내구성이 강하고 약간의 발수도 가능하기 때문입니다. 야구모자를 썼을 때 비가 올 수도 있겠죠. 그때를 대비해 약간의 생활 발수가 되는 것도 좋다고 생각합니다."

여기까지는 야구모자 제작의 이론이다. 디자이너가 마주한 실제는 또 조금 달랐다. "아무리 패턴을 잘 만들어서 잘 제작해도, 모자를 썼을 때 두상에 따라 머리를 잡아 주는 착용감이 가장 중요하겠죠. 똑같은 모자라도 두상에 따라 착용감이 다릅니다. 어떤 머리에는 딱 맞는 모자가 다른 머리에는 그냥 얹히기만 할 때도 있습니다. 제가 모자를 만들고 판매해 봐도 마찬가지입니다.

저를 포함한 대부분의 두상에는 잘 맞고 편한 모자라도 누군가에게는 불편한 것 같았습니다. 조금 특별한 얼굴형과 두상을 가진 사람이라면 보통 사람들에게는 편안한 모자가 편하지 않습니다. 제가 디자인한 모자를 판매할 때도 '모자가 작다'는 환불 사유가 있었습니다."

그러니 야구모자라면 여러분이 어떤 걸 사도 별 상관없다는 게 결론이다. 적어도 여러분이 한국에서 거주하고 한국에서 물건을 사는 한국 소비자라면 물리적 만듦새 자체는 이미 믿을 수 없을 만큼 상향 평준화된 야구모자를 만날 수 있다. 나는 모를 수도 있는 요즘 세대 인기 브랜드의 로고가 찍힌 야구모자가 있을 것이다. 그 야구모자에 새겨진 브랜드가 어느 날 쓰고 다니기 부끄러운 추억의 브랜드가 되었다 해도, 그 야구모자는 그때에도 여전히 기능적으로 튼튼할 것이다. 인터넷 쇼핑몰에서 '인기 급상승'인 도메스틱 브랜드 야구모자 역시 세상이 두 번쯤 변해도 여전히 튼튼할 것이다. 그 사이에서 선택은 여러분의 몫이다. 적당한 가격대의 물건을 사서 소모품처럼 쓸 것인가, 아니면 이 물건과 20년을 가겠다는 생각으로 전통 있는 브랜드의 값비싼 물건을 살 것인가. 이 역시 여러분의 기호와 각자의 예산에 따른 선택이 있을 뿐이다. 정답은 없다.

기호품으로의 야구모자 말고 기능적 제품으로의 야구모자라면 여러분의 두상만이 변수다. 앞서 언급한 디자이너의 말처럼 모든 사람을 만족시킬 만큼 신경 써서 물건을 만들어도 누군가의 머리에는 안 맞을 수 있다. 모자를 몇 번 써 본 뒤 내 머리 모양과 안 맞는다면 미련 없이 다른 야구모자를 찾아보는 게 좋겠다. 다행히 세상은 넓고 야구모자의 종류는 굉장히 많다.

개인적으로는 고정된 사이즈로 뒤가 막힌 야구모자는 잘 사지 않는다. 나는 야구모자를 썼다 벗었다 할 때가 많다. 벗은 야구모자는 어딘가에 걸어 둬야 하는데, 보통 나는 백팩 어깨끈이나 손잡이에 걸어 둔다. 그럴 때 뒤가 막힌 모자는 걸어 둘 만한 고리가 없다. 같은 이유로 야구모자의 사이즈 조절 장치 중에는 똑딱이 단추형 장치를 좋아한다. 뒷부분을 완전히 분리할 수 있기 때문이다. 이런 식으로 여러분도 각자의 생활 습관과 모자 사용 패턴을 생각한 뒤 그에 맞는 야구모자를 고르면 조금 덜 후회하는 소비 생활을 할 수 있겠다.

고작 야구모자 하나 사는 데 이렇게 오래 생각해야 하나 싶을 수도 있는데 나는 생각할 만한 가치가 있다고 본다. 야구모자의 수명이 의외로 길기 때문이다. 오늘날의 사람들이 의무적으로 매일 모자를 착용하는 경우는 거의 없다. 야구모자는 말 그대로 야구나 운동을 할 때 주로 쓰도록 상정된 의복류다. 속옷이나 교복 바지처럼 늘 착용하는 아이템이 아니고, 정복 제복처럼 늘 빳빳하게 관리된 상태를 유지하지 않아도 된다. 야구모자의 수명이 긴 이유다. 동시에 애매하거나 마음에 안 드는 걸 사면 새것인 채로 계속 옷장 안에 남게 된다. 고심해서 자신과 잘 맞는 걸 들인 뒤 오래 쓰는 게 낫지 않을까. 이 책 속 원고는 모두 이런 자세로 물건을 소비하자는 관점에서 쓰고 있다.

나와 잘 맞는 물건이 오래 가는 건 그 자체로 기분 좋은 일이다. 내가 처음에 말한 야구모자도 20년이 넘도록 멀쩡하고, 취재를 위해 물어본 내 주변의 남성들도 산 지 20년이 넘은 야구모자를 갖고 있었다. 물론 오래된 물건은 오래된 만큼 후줄근하다. 소재 자체가 바래는 건 물론이고 챙 앞부분이 닳아서 챙의 뼈대를 이루는 부품이 조금 튀어나와 보이기도 한다. 그래도 상관없다. 내 물건의 역사니까.

내가 어릴 때 망설이다 마침내 샀던 그 야구모자는 사실 그때 내 최고의 선택이 아니었다. 그 브랜드 하면 떠오르는 유명한 폴로 모자는 그때 내가 사기엔 너무 비쌌다. 나는 '이거라도 사야지'라는 생각으로 그 모자를 골랐다. 어쩌다 보니 시간이 지나서 물건 이야기를 글로 만들며 생계를 유지하고 있다.

다행히 이제 나는 어릴 때와 달리 돈을 번다. 많이 벌지는 못해도 어릴 때 갖고 싶던 그 모자 정도는 살 수 있다. 그 모자 역시 아직 출시된다. 지금 나는 전전긍긍하며 샀던 그 모자를 여전히 갖고 있다. 그 물건과 나 사이에는 적지 않은 시간과 나름의 추억이 쌓였고, 손에 잡히진 않아도 어딘가에 있는 그 기억이 그 물건을 볼 때면 자연히 떠오른다. 세상에서 가장 좋은 물건은 내 물건이다. 야구모자도 다르지 않은 것 같고. 어쩌면 내게는 야구모자야말로 가장 그런 것 같다.

{7}
안경

내가 아는 한 우리가 지금 일상적으로 걸치는 것 중 우리 일상에 성공적으로 자리 잡은 웨어러블 디바이스는 둘뿐이다. 안경과 손목시계. 2022년 월드컵에서 황희찬 선수가 16강에 진출하며 전 국민에게 알린 스포츠 브라 모양의 센서 역시 웨어러블 디바이스지만 아직 대중화된 것 같지는 않다. 섬유가 아닌 것 중 사람들이 매일 자기 몸에 기능적으로 걸치는 건 안경이 거의 유일하다. 요즘에는 손목시계를 차지 않는 사람도 많으니까.

사람의 몸은 생각보다 예민하고 인습은 생각보다 강력하다. 때문에 굳이 몸에 걸칠 다른 걸 보급시키기는 상당히 어렵다. 깁스(역시 기능이 확실한 웨어러블 디바이스라 할 수 있다) 같은 걸 해 본 사람이라면 이해할 수 있을 것이다. 같은 이유로 마스크 모양의 휴대용 공기청정기 역시 아직 보급되지 않았다. 마스크 역시 기능이 확실한 웨어러블 디바이스지만 수많은 사람이 코비드-19가 끝나자마자 마스크를 벗고 다니는 걸 봐도 웨어러블 디바이스의 일상 보급이 얼마나 어려운지 알 수 있다.

나는 이 원고에서 좋은 안경의 기준을 세 가지로 정리하려 한다. 첫 번째는 썼을 때 편한 것, 두 번째는 안경의 디자인적 사조, 세 번째는 안경에 들어간 첨단 기술 혹은 공예적 완성도다. 사용하는 입장에서는 첫 번째가 가장 중요하다. 두 번째와 세 번째는 실사용자의 입장을 조금 넘어선다. 세속 장신구로의 안경, 안경을 취미의 시각으로 접근할 때 생각하게 되는 변수라 봐도 된다.

썼을 때 편한 안경의 첫 번째 조건은 무엇일까. 소재다. 검증된 소재. 여기서 검증된 소재라 함은 최소한의 강도와 피부 안전성이 확보된 소재를 말한다. 예를 들어 표면 처리 하지 않은 나무로 안경테를 만든다면 피부가 긁힐 것이다. 알레르기 반응이 있는 금속으로 만든 것이면 안경을 쓸 때마다 두드러기가 돋을 것이다. 당연한 거 아니냐고? 인류가 지금 쓰고 있는 거의 모든 것들은 개개인을 볼모 삼은 실험을 거쳐서 만들어진 것이다. 실제로 나무 안경은 지금도 종종 만들어지고 있다. 쓰는 사람이 많지 않을 뿐이다. 쓰는 사람이 많지 않다는 것이, 어떤 분야에서 소수자라는 것이, 나쁘다는 뜻은 아니다. 다만 모든 선택과 외면에는 나름의 분명한 이유가 있다.

그리하여 지금의 안경 소재는 세 가지로 압축된다. 스테인리스스틸, 플라스틱, 티타늄. 각 소재별 안경의 장단점이 확실하다. 스테인리스스틸 안경은 가격이 저렴하고 튼튼한 대신 셋 중 가장 무겁다. 플라스틱 안경은 스테인리스스틸보다 가볍고 알레르기 반응에서 자유로우나 강도에서는 훨씬 약하다. 티타늄 안경은 가장 가볍고 충격에도 강하지만 그만큼 셋 중 가장 비싸다.

스테인리스스틸은 우리가 가장 쉽게 접하는 안경 소재다. 큰 고민 없이 안경을 고른다면 스테인리스스틸 소재를 택하면 된다. 의도해서 고르지 않아도 가격이 저렴하다면 보통 스테인리스스틸 안경일 가능성이 높다. 스틸에 색을 코팅한 안경으로 개인의 개성을 표현하기에도 좋다. 무겁다고는 했지만 플라스틱이나 티타늄과 비교해 상대적으로 무거울 뿐 일상생활에는 지장이 없다.

스테인리스스틸보다 더 가볍고 더 탄성이 좋은 소재로 티타늄이 있다. 티타늄은 비중이 낮아 같은 부피일 경우 스테인리스스틸보다 가볍다. 티타늄은 같은 부피의 스테인리스스틸에 비해 40퍼센트 정도 가벼우니 똑같은 안경을 써도 절반에 가깝게 가벼운 셈이다. 그런 이유로 고가 안경으로 티타늄을 많이 써 왔지만 요즘은 대중적인 가격으로 출시된 티타늄 안경도 많다. 티타늄은 스테인리스스틸과 달리 오래 쓰면 깨지듯 파손된다는 특징이 있으나 평범한 사람이 안경을 착용하는 정도라면 그만큼 금속에 무리를 줄 일은 없을 것이다.

플라스틱 역시 많이 쓰는 소재다. 단위 무게는 티타늄만큼 가볍고 가공성이 좋아서 다양한 디자인을 찾을 수 있다. 소재 자체의 색도 다양하게 낼 수 있어서 보통 안경에 많이 쓰는 검은색이나 갈색은 물론 뿔의 무늬를 모사한 불규칙한 패턴이나 투명 테 등도 찾아볼 수 있다. 가격도 저렴한 편이라 몇 개씩 사서 써도 큰 무리가 없다.

전반적으로 안경에 많이 쓰는 이 세 소재에는 큰 단점이 없다. 이는 각 소재가 끊임없이 발전해 왔다는 증거다. 옛날 스테인리스스틸 안경 중에는 녹이 스는 것도 있었다. 티타늄은 비쌌고 플라스틱은 잘 부러졌다. 각 소재들이 발전하며 스틸에 녹이 줄어들고 티타늄의 가격이 떨어졌으며 플라스틱은 튼튼해졌다. 물론 이 모든 소재의 수급도 안정되었다.

나는 지금 흔히 쓰는 '뿔테 안경'이라는 말 대신 플라스틱 안경이라는 표현을 쓰고 있다. 플라스틱 안경을 '뿔테 안경'이라 부르는 건 사실은 틀린 말이다. 뿔테 안경은 소뿔 등 정말 동물 뿔로 만든 안경이다. 귀갑이라고 부르는 거북이 등껍질도 고가 안경 소재로 쓰인다. 특수한 고가품이니 시장도 작고 정말 뿔이니까 가격도 상당히 비싸다. 이런 물건이 그렇듯 가격을 아는 일부터가 어렵다.

동물의 뿔은 희귀해서 비싼 소재지만 이게 당신이 이 물건을 가져야 할 이유가 될지는 모르겠다. 구하기도 어렵다. 수량이 적으니 앞서 말했듯 가격도 무척 비싸다. 내가 본 바로는 2023년 6월 현재 1백만 원 아래의 뿔테 안경을 본 적이 없다. 요즘처럼 지속 가능성과 자연보호가 중요하게 여겨지는 시대에 굳이 값비싼 동물의 뿔이나 껍질을 가져야 할까. 나는 평생 개념적으로는 비합리적인 소비생활을 하며 살았고 지금도 그렇다. 그런 내 눈에도 진짜 뿔로 만든 뿔테 안경은 '가지고 싶다'는 꿈을 가질 만한 가치가 있는 물건일지는 모르겠다. 아울러 마지막으로 뽑은 자연 소재라 관리가 힘들다. 기온이 나 습도에 따라 갈라지거나 모양이 변형될 수 있다.

각자에게 적합한 소재를 다 확인했다면 이제 그 소재로 만든 안경이 얼마나 얼굴에 잘 맞을지 생각해 볼 때다. 안경이 얼굴에 잘 맞는다는 건 크게 세 가지 의미가 있다. 코에 걸리는 부분, 귀에 걸리는 부분 그리고 안경이 얼마나 얼굴에 끼는 느낌을 주는지, 즉 측두부에 느껴지는 압박감이 어떤지의 여부다. 이론적으로 코와 귀에 걸리는 부분이 편하고 얼굴에 너무 꼭 끼거나 헐겁지 않으면 안경이 편할 것이다. '편하다'는 데에도 여러 의미가 있겠으나 대체로 압박감 없이 가볍게 얹히면 편하다고 볼 수 있다. 그 면에서 티타늄은 기본 무게가 가볍기 때문에 유리하다.

무게가 전부는 아니기도 하다. 얼굴이나 몸에 물건이 걸쳐질 때는 무게보다 물건이 몸 각각 부위에 딱 맞는 체결감이 더 중요하다. 무거운 등산 가방이라도 등에 딱 달라붙으면 덜 무겁게 느껴지는 것이 그 예다. 안경도 그렇다. 사람의 코와 귀 모양은 모두 조금씩 다르므로 어떤 안경은 그 자체에는 문제없어도 내 얼굴에는 불편한 느낌을 줄 수 있다. 그럴 때 일선 안경원이 도움이 된다. 안경사의 도움을 받으며 내 코와 귀에 맞는 걸 잘 찾아보면 된다. 아울러 안경의 코와 다리는 대부분 조금씩 휘는 등의 방식을 써서 조정할 수 있다. 안경원에서는 전문 안경사가 이런 서비스를 제공한다. 한국은 이런 서비스가 저렴하다.

얼굴에 잘 맞는 안경을 생각할 때 또 하나 염두에 둘 변수가 있다. 내 얼굴에 잘 맞는지를 넘어서는 적정 사이즈의 문제다. 몸에 잘 맞는 옷이 있는 것처럼 얼굴에 잘 맞는 치수의 안경도 있다. 거의 모든 안경은 다리에 안경알의 가로와 세로 사이즈가 적혀 있으니 그걸 참고하면 된다. 보통 남성은 안경 렌즈 부분 가로 폭 기준 48밀리미터를, 여성은 조금 작은 걸 쓴다. 몇 년 전부터 한국은 아주 큰 안경이 유행이라 54밀리미터쯤 되는 안경도 잘 쓰고 다니는 것 같다. 큰 옷을 입고 다니는 것처럼 큰 안경을 쓰는 것도 개인 기호다. 다만 너무 큰 안경을 쓰면 너무 큰 바지를 입었을 때처럼 흘러내리기 쉽겠다. 반대로 너무 작은 안경을 쓰면 코나 귀 뒤 등 얼굴 곳곳에서 압박감을 느낄 것이다. 사이즈는 어디서나 중요하다.

안경에는 경첩이라는 작동 부위가 있다. 작동 부위가 있는 모든 물건의 완성도는 작동 부위의 견고함에 달려 있다. 안경도 마찬가지다. 경첩은 안경의 견고함과 전체적인 완성도를 보여 주는 부품이다. 보통 저렴한 안경은 폈다 접었다를 반복하면 경첩이 헐거워진다. 경첩을 고정하는 나사를 조여 줘도 어쩔 수 없었다. 저렴한 나사를 써서 안경다리를 접고 펴다 보면 나사 자체가 닳기 때문이다. 안경 가격이 올라간다면 그만큼 튼튼하고 좋은 경첩을 쓰니 더 오래 써도 경첩의 견고함을 느낄 수 있다.

경첩도 두 가지 종류로 나누어 생각해 볼 수 있다. 기성품과 자체 제작품. 몇몇 고가 안경 브랜드는 기성품 경첩을 쓰는 게 아니라 자신들이 디자인한 자사 브랜드의 경첩을 직접 만들기도 한다. 어떤 물건이든 잘 만든 견고하고 튼튼한 물건을 쓸 때 특유의 상쾌한 기분이 있다. 그런 세심한 차이들을 알아보고 기쁨을 느끼는 것도 일상의 작은 즐거움 중 하나다.

자체 디자인 경첩에 대해 생각해 보고 싶다면 안경을 취미 영역으로 탐구할 준비가 된 셈이다. 앞서 말한 좋은 안경의 기준 중에는 디자인적 사조와 공예적 완성도가 있었다. 세상 물건들이 그렇듯 안경에도 나름의 디자인 사조가 있다. 보통 남성용품으로 소비되는 플라스틱 테 안경에서는 나름 이런 디자인 사조가 의미를 갖는다(경험상 이런 사조는 남자들이 더 많이 좋아하고 관심을 가진다. 이유는 알 수 없다). 각종 공산품이 대량 생산되기 시작한 20세기 초반에 만들어진 공산품들이 여전히 그때 원형에 가깝게 출시되고 있다. 아넬·보스톤·크라운 판토 등은 디자인 사조로서의 안경을 볼 때 나오는 안경 종種의 이름들이다. 이 이름에 따라 하나씩 물건을 찾아보는 것도 수집적 소비 혹은 취미적 소비가 될 수 있다.

취미 활동으로의 안경을 생각한다면 플라스틱의 소재도 두 가지로 나누어 생각해 볼 수 있다. 셀룰로이드와 아세테이트다. 셀룰로이드가 더 오래된 소재다. 19세기에는 당구공을 상아로 만들었는데, 상아 수요를 따라갈 수 없어 개발한 게 셀룰로이드다. 막상 셀룰로이드 당구공은 강하게 부딪히면 깨졌기 때문에 당구공 소재로는 쓰이지 못했고, 대신 빗이나 안경 등 상아를 대체할 소재로 쓰였다. 셀룰로이드는 튼튼하고 옛날 물건다운 고풍스러운 느낌이 나는 대신 열에 약하고 불이 붙으면 유독가스가 발생한다. 그러나 특유의 색감과 질감 때문에 이른바 '빈티지' 브랜드 중에는 셀룰로이드를 쓰는 곳이 아직 있다.

요즘은 아세테이트를 많이 쓴다. 셀룰로이드의 단점을 보완한 소재라 상대적으로 열에 강하고 색이 다양해서 더욱 효율적으로 제작할 수 있다. 그러나 취미 용품의 세계는 합리를 따르지 않는 법이라 여전히 일부 고가 안경은 셀룰로이드를 쓴다. 셀룰로이드만의 진득하고 짙은 색감은 아세테이트로 대체될 수 없다. 이런 말에 동한다면 낭만적인 사람일 테고 와닿지 않는다면 합리적인 사람일 것이다.

지금까지 말한 모든 조건에서 두루 점수가 높은 고가품 안경이 있을 수 있다. 진귀한 고가 소재를 구한다. 그 소재가 가장 잘 쓰일 수 있도록 설계 도면을 잘 그린다. 그 도면에 맞춰 재료를 잘 가공해서 단차 없이 조립한다. 별도의 도색이 필요하다면 색을 칠하거나 코팅을 해서 마감한다. 그런 안경 브랜드는 보통 서유럽이나 일본 등 인건비가 비싼 선진국에 있다. 그런 안경들의 가격은 비싸질 수밖에 없다. 고가 소재에 고급 부자재에 선진국의 고가 인건비를 사용해 만들었으니까. 그 사실을 알리기 위해 홍보와 마케팅 비용도 써야 하고, 그 비용 역시 제품 가격에 묻어 있으니까. 한국으로 들어올 때는 물류비와 세금이 추가될 것이고 그 역시 제품 가격에 반영되니까. 그 결과 수백만 원을 호가하는 안경이 나온다. '이런 과정을 거쳐서 비싸지는구나'라고 생각하면 되지 '오, 역시 비싼 안경이 최고야'라고 생각할 필요는 없다고 본다.

역으로 가격을 통해 스펙을 추산해 볼 수도 있다. 예를 들어 독일·프랑스·일본의 고가 안경은 만듦새가 훌륭한 대신 특정 가격 이하로 내려가지 않는다. 반대로 특정 가격 이상인데 제조국이 중국이라면 그 안경을 구입할 때 한 번 더 생각해 볼 수 있다. 반대로 독일이나 일본 안경의 가격이 너무 낮다면 가품이거나 판매자를 의심해 볼 수도 있다. 꼭 안경 분야뿐 아니라, 내가 흥미를 가지는 어떤 분야를 구조적으로 파악하고 나면 다양한 분야에 응용해 세상을 재미있게 바라볼 수 있다.

안경에는 또 하나 재미있는 요소가 있다. 세상 모든 물건엔 제값이 있고 대부분 가격과 가치가 비례한다. 반면 잘 만든 안경을 싸게 살 수 있는 방법도 있다. 유행이 지난 걸 찾으면 된다. 실제로 남대문시장 등 오래된 대형 안경 매장에서 일본산 티타늄 테를 국산 스테인리스스틸 테보다 저렴하게 파는 걸 볼 수 있다. 대신 이런 건 시간이 오래 지난 중고라 1990년대나 2000년대의 디자인이다. 그러니 디자인에 무감하거나 레트로를 즐긴다면 저렴한 가격에 가볍고 견고한 안경을 사는 것도 불가능하지 않다. 마침 요즘 패션 유행이 1990년대와 2000년대 분위기로 돌아왔으니 이런 곳에서 안경을 사는 게 도리어 요즘 분위기에 맞을 수도 있다.

특정 상품이나 가격의 안경을 추천하는 게 아니다. 비싼 가격을 구성하는 요소와 그 요소에 따라 여러분이 어떤 판단을 내릴지에 대한 나름의 조언을 할 뿐이다. 저렴한 안경을 틈틈이 사는 것도 합리적인 삶이다. 살면서 좋은 안경 하나 쓰고 싶어서 돈을 모아 비싼 안경을 하나 쓰는 것도 다른 의미로 합리적인 삶이다. 어떤 선택을 했는지가 아니라 왜 그 선택을 했는지가 중요하다. 경험하고 조사하고 그 결과를 자기 상황에 맞추어 택할 때 조금 더 주체적인 삶을 살 수 있다. 적어도 만족스러운 안경을 고르는 데에는 도움이 될 것 같다.

{ 8 }

청바지

좋은 청바지를 고르고 싶을 때 알아 둬야 할 것은 청바지의 개념이나 정통 청바지의 조건이나 좋은 브랜드 이름 같은 게 아니다. 그런 건 조금만 검색하면 다 나온다. 내가 여러분에게 말하고 싶은 건 그렇게 좋은 청바지가 만들어진 원리다. 원리는 맥락을 이해하면 간단히 알 수 있다. 청바지의 맥락을 알고 싶다면 크게 네 나라를 기억해 두면 된다. 이탈리아, 프랑스, 미국, 일본.

이탈리아와 프랑스는 청바지의 이름과 관련이 있다. 청바지는 여러분도 잘 알다시피 진 혹은 데님이라고도 부른다. 진은 '블루 진' 같은 식으로, 데님은 '셀비지 데님' 같은 식으로. 진과 데님에는 공통점이 있다. 둘 다

특정 지역에서 온 어원이라는 점이다. 진Jean은 16세기 이탈리아에서 온 말이다. 이탈리아 북부 어느 항구도시 선원들은 질긴 직물로 된 바지를 입고 다녔다. 그곳이 바로 제노아 지역. 제노아 사람들이 입는 옷이라 '진'이 되었다.

데님도 비슷하다. 데님denim은 프랑스어인데 생략된 부분이 있다. '세르주 드 님'serge de Nimes이 데님의 정식 이름이다. 이 역시 남프랑스의 님Nimes이라는 지역에서 나던 질긴 능직twill 원단을 말한다. 님 역시 제노아와 멀지 않은 북부 지중해에 있다. 예전에는 질기고 두꺼운 천을 돛단배의 돛으로도 많이 썼다. 제노아는 바닷가 도시이며 님도 바다와 멀지 않으니 이 지역에서 두꺼운 천을 만드는 건 있을 법한 일이다. '세르주 드 님'의 이름이 짧아지다 뒷부분의 '드 님'만 남아서 오늘날의 데님이 되었다.

지중해 근방의 질긴 능직물 데님은 대서양 건너 미국에서 익숙하면서도 새로운 쓰임을 찾게 된다. 시간이 흘러 19세기 후반 미국 서부에는 금광을 찾으려는 사람들이 몰려들었다. '골드러시'라는 말이 여기서 나왔다. 금광을 찾는 사람들은 질기고 튼튼한 옷이 필요했다. 샌프란시스코 지역에서 가게를 열었던 리바이 스트라우

스는 이들을 위해 데님 천으로 만든 바지를 내놓았다. 이게 리바이스 진이다. 소문에는 천막용으로 발주했다가 남은 천으로 질긴 바지를 만들었다고도 한다. 처음부터 거친 현장의 노동복이었다는 뜻이다.

유럽의 천과 미국의 정신이 만든 청바지는 이 이후로도 미묘한 역사의 흐름을 탄다. 리바이스가 처음 청바지를 만들었을 때 청바지는 일상복이 되기 힘든 분위기였다. 오늘날 여러분이 '슬랙스'라 부르는 보통 바지와 청바지의 구조를 비교해 보면 알 수 있다. 보통 청바지 바깥쪽은 실밥이 보이도록 천의 끝단 두 장을 겹쳐서 꿰맨다. 보통 바지들이 천을 꿰맨 실 자국을 보여 주지 않는 것과는 다르다. 정통 청바지는 뒷주머니도 모두 밖에 붙어 있고 곳곳에 금속 리벳이 박혀 있다. 이 역시 노동복 시절의 디테일이다. 공정이 쉬워야 하니 뒷주머니를 그냥 뒤로 붙이고, 노동 중 바지의 주요 접합부가 터질 수 있으니 힘을 많이 받는 부위에 리벳을 박아서 마무리했다. 데님 원단 자체도 튼튼하니 당시의 청바지는 험한 노동에 잘 맞도록 제작된 옷이었을 것이다. 청바지는 애초부터 현장의 옷이었다.

역사는 역설적으로 흐르기도 한다. 청바지도 노동자의 옷으로만 머무르지 않았다. 1950년대 미국의 젊은 스타 중에서는 반항아 이미지로 성공한 사람들이 있었다. 그들은 반항적인 이미지를 위한 새로운 스타일이 필요했다. 옷도. 이들은 청바지를 입고 스포트라이트를 받았다. 이들을 따라 젊은 사람들이 청바지를 입기 시작했다. 노동자의 거친 작업 환경이 남다른 디테일과 실루엣의 옷을 만들었고, 그 새로운 옷이 젊은이들의 반항적 이미지가 되어 아직 사랑받는다. 여기까지가 청바지가 미국에 뿌리내리기까지의 이야기다.

미 서부에서 태평양을 넘어가면 일본이다. 일본 역시 일본스러운 방식으로 청바지에 새로운 운명을 불어넣었다. 일본스러운 방식이란 아주 성실한 원형의 복습과 답습이다. 일본 오카야마현이 그렇게 집요하게 청바지를 복습하고 답습했다. 옛날 방직기를 그대로 사용해 남색이면서도 광택이 흐르는 원단을 만들었다. 데님 원단은 입으면서 생기는 자연스러운 주름도 매력적이다. 일본은 자연스러운 주름이나 시간의 흐름에 따른 마모에도 집중하며 미국이나 서양과는 또 조금 다른, 원단에 집중한 프리미엄 데님을 만들어 낸다.

즉 오늘날의 데님은 그 자체로 기묘한 역사의 산물이다. 약 3세기 동안 지구를 한 바퀴 돌아 오늘날의 고급 청바지 개념이 완성됐다. 그동안 노동자의 옷이었다가 젊은이의 옷이었다가 이제는 고가품 브랜드가 데님 원단으로 만든 청바지나 기타 소품들을 만든다. 청바지의 역사와 오늘날의 편안한 생활은 큰 관계가 없으니 청바지가 오늘날의 현실에서 아주 쓸모 있는 옷이라고 보기는 힘들다. 청바지는 도시에서 입기에는 너무 질겨서 소비자가 피곤하다. 면 100퍼센트로 만든 고가 청바지를 입고 하루 종일 걷다 앉아 보면 이 말을 이해할 수 있을 것이다. 청바지의 착용 피로감은 21세기의 복식 방향성과도 역행한다. 오늘날의 분위기는 편안해지는 것이다. 가죽 구두에 넥타이까지 갖추어 정장을 입는 남자는 거의 없는 게 한 예다.

그나저나 데님 중에서는 일부러 닳게 가공해 흰색 실이 보이는 청바지들이 있다. 데님은 마냥 파란색이 아닌 걸까. 이 질문에 답하려면 앞서 잠깐 언급한 '능직'이란 개념에 대한 설명이 필요하다. 능직은 직물을 만드는 방법 중 하나다. 씨실과 날실을 교차해 짠 것이 직물이다. 씨실과 날실이 1:1로 교차되면 평직, 1:2나 1:3으로 건너뛰듯 교차되면 능직, 1:5 이상으로 많이 건너뛰듯 교차하면 수자직이라 부른다. 데님은 능직이다. 능직을 영어로 하면 트윌twill, '코튼 트윌'이라 부르는 것들은 데님과 같은 방식으로 짠 직물이다.

평직과 능직과 수자직은 모두 상황과 쓰임에 따라 장단점이 다르다. 평직 - 능직 - 수자직으로 갈수록 마찰에 약해지고 주름이 잘 생기지 않으며 광택이 많아진다. 능직이니까 섬유 위에 드러난 실의 면적이 평직보다 넓고, 그만큼 마찰에 약해지는 것이다. 그러나 세상에 100퍼센트 단점은 없다. 능직은 마찰에 약하나 주름에 강하고 광택이 많다. 데님 특유의 주름과 광택은 바로 이런 요소들을 반영한 소재의 특징에서 온다. 다양한 트윌 직물 중 데님의 특징은 '인디고블루 색으로 염색한 실이 들어간다'는 점이다. 직물의 가로와 세로를 이루는 실이 경사와 위사다. 데님은 인디고블루 색으로 염색한 경사(날실)와 흰색으로 표백한 위사(씨실)를 쓴다. 겉에서 보면 파란색인데 뒤집어서 보면 흰색에 가까운 이유다. 겉에서는 경사의 색이, 안쪽에서는 위사의 색이 많이 보이니까. 그 결과 데님이 닳게 되면 흰색과 푸른색 사이에서 우리의 습관이 만들어 낸 오묘한 주름이 생기게 된다. 이를테면 청바지 뒷주머니의 지갑 자국처럼. 다른 옷이라면 그것이 흠이겠으나 청바지의 세계에서는 그것도 개인화에 입각한 개성이 된다.

그 지점에서 청바지가 보통 의류와 다른 부분이 생긴다. 빈티지 데님 같은 스타일로 중고품이나 헌 것도 나름의 가치를 인정받는다는 점이다. 이미 국내외에 나름의 박물학적 분류를 거친 유명 빈티지 청바지의 계보가 있으며, 그 계보 안에 있는 청바지 중에는 보통의 신품 청바지보다 훨씬 비싼 것도 흔하다. 그런 경우의 청바지는 박물학적 관점이 가미된 수집품이므로 소비나 사용 관점에서 보는 좋은 물건의 정의에서 벗어난다. 괜히 수백만 원씩 하는 빈티지 청바지를 보고 부러워할 필요는 없다는 뜻이다. 물론 빈티지 청바지에 열정이 생긴다면 또 이야기가 다르다. 분야가 뭐가 됐든 생활을 침해하지 않는 한에서 몰두할 수 있는 취미가 있는 건 좋은 일이라 생각한다.

이런 기본 조건 안에서 개별 데님은 무한히 다양해진다. 경사와 위사의 굵기를 어떻게 할 것인가에 따라 원단의 느낌과 쓰임새가 변한다. 실이 얇으면 여름에도 덜 부담스러운 청바지가 된다. 실이 두꺼우면 벗고 세워 놔도 설 만큼 빳빳해진다. 경사를 얼마나 염색할 것인가도 문제다. 진한 파랑으로 하는가 연한 파랑으로 하는가에 따라 생지 데님이라도 톤이 조금씩 다르다. 위사의 세계에도 변수가 많다. 보통 위사를 통해 데님 원단에 편안함을 더한다. 위사에 스판기가 있는 실을 더하면 데님 원단에도 신축성이 생기고, 신축성이 있는 원단으로 만든 데님이 이른바 '스트레치 데님'이다. 한국은 새 것뿐 아니라 편한 것도 좋아하기 때문에 남성들도 스트레치 소재로 만든 청바지를 많이 구입한다.

아울러 데님으로 만든 청바지는 생각할 거리가 많다. 데님처럼 직물을 만들 때 실에 염색을 먼저 하는 것을 선염이라고 한다. 실 상태에서부터 직물의 상태가 정해진다고 생각하면 운명론이 떠오르기도 한다. 그러나 인생이 그렇듯 섬유와 옷의 세계도 날 때 모양이 전부가 아니다. 데님은 특유의 내구성을 이용해 아주 다양한 종류의 후가공을 한다. 당장 포털 사이트나 의류 쇼핑몰에 '워싱 진'만 쳐 봐도 다양하게 처리된 수많은 워싱 진이 나온다. 무릎 쪽에 넓은 면적으로 물 빠진 자국이 있고, 허벅지 쪽에는 굵게 접힌 자국들이 보인다. 자연 상태에서 그 무늬를 만들려면 입고 자거나 입고 욕조에 들어가는 등의 노력을 해도 몇 달이 걸린다. 누군가 그 무늬를 만들기 위해 며칠 입고 다니거나 하지는 않았을 테니 이 모든 워싱은 조금 더 빤 것 같은 옷을 만들기 위한 데님 제조사의 전략이다. 설사 원단이 덜 예뻐도 후가공을 거친 바지 상태에서 더욱 아름다운 뭔가가 나올 수도 있는 것이다. 인생처럼.

이런 이야기를 하다 보니 나도 질문이 남는다. 오늘

날의 사람들에게 청바지가 입을 만한 옷인가? 19세기의 노동복이었다가 20세기 젊음의 상징이 된 그 옷이 21세기의 사람들에게 적합한가? 19세기의 노동자들은 다 떠났고 20세기의 젊은이들은 이제 다 노인이 되었는데 21세기의 소비자들이 왜 철 지난 맥락을 가진 옷을 입어야 할까? 심지어 불편한데? 청바지는 입기도 불편하고 새 옷일 경우에는 인디고 염료가 여기저기 묻어나기도 한다는 점에서 불편하다. 다른 옷들과 빨래를 별도로 하는 것도 상당히 불편한 부분이다(혹시 여러분이 빨래를 하지 않는다 해도 여러분 주변의 누군가가 빨래의 불편함을 반드시 느끼고 있을 것이다). 나는 청바지의 역사를 들여다본 입장에서 가장 밑바닥에 있는 질문을, 즉 청바지가 21세기 생활인에게 적합한 옷인지에 대한 질문에 확신을 가질 수가 없다.

청바지가 크게 필요 없다는 주장을 적을 수 있는 이유는 사실 내가 청바지를 많이 가지고 있기 때문이다. 국내외의 빈티지 가게에서 샀던 청바지가 얼추 열몇 벌은 있는 것 같다. 여기에 나열한 청바지의 불편한 점은 모두 내 개인적 경험이다. 밝은색 시트에 염료가 묻어나기도 한다. 입었을 때는 은근히 불편하다. 빈티지 숍에서 파는 오래된 청바지는 아무리 좋은 걸 입어도 어쨌든 요즘의 옷과 조금 다른 실루엣이라 결국 손이 안 간다. 오래된 청바지는 조금 입다 보면 고약한 냄새가 나기도 한다. 언제 한번 마음먹고 다 버려야 하나 싶기도 하다.

결과적으로 나는 아직 청바지를 못 버리고 있다. 나와 함께 나이가 든 청바지들은 옷감으로 만든 내 일기 같은 기분이 든다. 어딘가가 해졌다면 그게 나의 의류 이용 습관이다. 뭔가 묻어 있다면 그걸 묻힌 것도 나다. 데님 원단은 질기므로 원단이 좋은 청바지를 산다면 옷 한 벌 안에 내 시간이 종유석처럼 쌓인다. 그런 추억들이 쌓인 물건은 쉽게 버리기 힘들다. 나는 그 과정을 즐기지만 여러분께도 권할 수 있을지는 모르겠다. 물건은 즐거운 만큼 고민을 주기도 하니까.

이 이야기를 모두 듣고도 청바지를 구입하고 싶은가? 물건으로 좋은 청바지의 기준은 지금까지 이 원고에서 말했던 것들과 비슷하다. 고급 원단에 만듦새가 좋으며 수준급 디자이너가 참여했거나 브랜드 유명세가 붙으면 고급/고가품이다. 고급 원단은 원단의 산지를 따로 표기한다거나 하는 식으로 알리기 때문에 모르기 힘들다. 만듦새 역시 생산국을 보고 어느 정도 짐작할 수 있다. 지퍼의 브랜드를 보고도 청바지의 만듦새를 어느 정도는 파악할 수 있는데, 청바지가 고급일 경우 지퍼도 고급 부자재를 쓰기 때문이다. 디자이너와 브랜드의 명성이나 아우라는 제품의 생산 품질과는 큰 상관이 없다. 그러나 생산 품질에 큰 상관없는 요소에 열광하는 것도 보통 사람들의 번뇌이자 즐거움이다.

거듭 말하지만 청바지의 가장 특이한 점은 사람들이 이 옷에 갖는 인식이다. 보통 의류 소재 섬유가 찢어지면 사람들은 그 옷을 수선하거나 버려야겠다고 여긴다. 청바지의 원료인 데님은 그렇지 않다. 데님은 구멍이 나고 색이 바래도 멋있는 옷으로 인정받는다. 찢어진 울이나 찢어진 나일론, 찢어진 고어텍스는 하자일 뿐이다. 유독 데님만 불량이 양품이 되고 해진 것이 멋의 요소가 된다. 내 습관과 체형을 담은 옷은 기분에 따라 내 삶의 궤적을 새겨 둔 태피스트리가 되기도 한다.

데님만의 불편함과 내구성이 청바지만의 맛을 부른다. 데님이 찢어진다는 것은 건강한 섬유 상태에 뭔가 가공을 했다는 이야기다. 가공을 해도 사람이 입을 수 있는 상태일 만큼 튼튼한 원단이라는 의미다. 튼튼한 소재는 튼튼한 실에서 오고, 튼튼한 실은 튼튼한 원재료에서 온다. 데님은 두꺼운 실을 능직해서 만든다. 튼튼한 원자재여야만 닳았을 때도 멋이 난다. 튼튼하지 않은 소재가 시간의 흐름에 따라 닳는 과정은 급이 높지 않은 오래되기만 한 와인과 비슷하다. 시간은 모든 싸구려를 무너뜨린다. 소재도 디자인도 사상도. 튼튼한 소재는 시간에 무너지지 않는다. 좋은 데님처럼. 동시에 공들인 삶은 어떻게든 멋진 흔적을 남긴다. 당신의 오래된 청바지처럼.

{ 9 }

의자

처음 혼자 살았던 집에서 약 일 년 가까이 의자 없이 지냈다. 아무 의자나 집에 두고 싶지 않았다. 의자는 생각보다 크고 생각보다 튼튼한 경우가 많다. 의자도 사상도, 상당히 별로거나 완성도가 떨어지는 것이라도 일단 집에 들여오면 내보내기가 힘들어진다. 살면서 그런 경험을 몇 번 했다. 그런 게 쌓이며 전체적인 삶의 질이 떨어진다고 생각했다. 작은 것들이 모여 큰 게 만들어진다. 그러니 의자 하나라도 아무렇게나 가져와서 살고 싶지는 않았다.

세속 소비에 큰 의미를 두지 않는 세계관이라면 의자 같은 것에 신경 쓰는 거야말로 아무것도 아니다. 그러나 그때의 나는 미혹할 만큼 의자에 진지했다. 회사 일이나 개인사가 마음처럼 되지 않아서 의자 하나라도 내 구미에 맞는 걸 갖고 싶었다. 멋진 의자를 망설임 없이 살 만큼 돈이 많지도 않았다. 이 모든 이유로 이사 후 몇 달을 바닥에서 보냈다. 회사 일이 아닌 외부 원고 청탁이 들어오면 바닥에 앉아 우체국 택배 박스에 노트북을 얹어 놓고 원고 작업을 했다.

마침 그 당시 업무 때문에 스위스 출장을 자주 갔다. 나는 그때 손목시계를 담당하고 있었고, 그쪽 일을 하다 보니 스위스 출장이 잦았다. 다니다 보니 스위스를 비롯한 서유럽 사람의 소비 행태를 조금씩 둘러보게 되었다. 그 사람들은 마케팅이 포함된 화려한 럭셔리 브랜드와는 조금 다른 선택을 하는 것 같았다. 그 '조금 다른 선택'이라는 걸 어떻게 설명할 수 있을지 그때는 잘 몰랐지만 나는 그 선택들이 마음에 들었다. 스위스 사람들이 쓰는 물건은 화려하지 않고 튼튼했으며 오래 쓴 티가 났다. 잘 관리된 물건의 오래된 티가 더 멋져 보였다.

한번은 평창 동계올림픽 개막에 맞춰 스위스 정부가 주관하는 출장에 갈 일이 있었다. 스위스에서 물건을 만드는 크고 작은 기업을 돌아보는 출장이었다. 일정 중에 어느 의자 회사의 공장에 갔다. 이름은 호르겐글라

루스. 스위스의 카페라면 으레 깔려 있을, 유명한 의자를 만드는 가구 회사의 공장이었다. 나는 그 회사의 기본 의자가 보자마자 마음에 들었다. 견고하고 무난하게 생겼는데 그런 물건은 찾기가 쉽지 않다. 견고하게 생긴 의자들은 대부분 견고함을 넘어서는 멋을 너무 부려서 그만큼 가격이 비쌌다. 무난하게 생긴 건 정말 눈에 차지 않았다. 그 의자는 좋은 의미로 적당했다. 비싸지 않은 소재를 재료 삼아 튼튼하게 만들었다. 생김새가 무난했는데 정통성이 있었다. 만듦새가 좋아서 보기에도 견고했다. 가격이 조금 비쌌지만 품질과 스위스의 물가를 생각하면 납득할 수 있었다.

언젠가 저 의자를 사겠다. 나는 그 자리에서 결심했다. 그 의자는 일종의 클래식 디자인이라 생김새를 거의 바꾸지 않고 수십 년째 출시되고 있었다. 나중에 인터넷으로 찾아보니 신품 말고 상태 좋은 중고를 사면 보통 회사원보다 조금 적은 내 월급으로도 살 수 있었다. 그러나 결심은 결심이고 현실은 현실이었다. 내가 스위스에 살고 있는 것도 아니고, 출장 업무 중 스위스에서 중고 의자를 찾아서 산다는 사치를 부릴 수는 없었다. 그 의자는 가슴에 묻었다.

그다음 출장에서 나는 결국 의자를 하나 사게 된다.

제네바의 플랑팔레 벼룩시장에서 찾은 작고 가볍고 튼튼한 의자였다. 밝은색 나무가 엉덩이와 등받이를 이루고, 시간의 때가 묻었지만 여전히 상당히 강해 보이는 스틸 파이프가 다리 역할을 하고 있었다. 엉덩이와 등받이를 이어 주는 것도 스틸 부품이었으니 언뜻 봐도 상당히 견고해 보이는 의자였다. 가격이 당시 한국 돈으로 4만 원 정도 했던 것 같다. 벼룩시장 광장을 한 바퀴 돌면서 생각을 정리하고 결심하고 구매했다. 벼룩시장에서 샀으니 상자나 포장 장비도 없어서 손으로 든 채 트램을 타고 숙소로 돌아왔다. 그 의자를 가져오기 위한 일련의 과정도 추억이 되었다. 사실 의자를 보고 주변을 한 바퀴 돌면서 나는 스마트폰으로 스위스 우체국 사이트에 접속했다. 가장 먼저 확인한 건 우편료가 아니었다. 일반 우편으로 보낼 수 있는 우편물의 사이즈였다. 일반 소포의 가로, 세로, 높이를 확인해 대조해 보니 책상까지는 못 가져와도 의자는 가져올 수 있을 것 같았다. 그다음 우편료를 확인해 보니 일반 우편으로 보내면 나름대로 납득 가능한 가격에 구매하는 셈이었다. 한국에 돌아오기 전날 짐을 부치러 우체국에 갔다.

나는 한국의 편리한 행정 시스템에 너무 젖어 있었다. 큰 우체국에 가면 물건을 담을 수 있는 종이 상자를 팔 줄 알았다. 아니었다. 비 오는 제네바의 중심가에서 상자를 찾지 못해서 화분을 들고 다니는 영화 『레옹』의 킬러처럼 의자를 들고 하염없이 상자를 팔 만한 곳을 찾아 헤맸다. 상자를 구할 수 없어 물건을 버려야 하나 싶던 판에 극적으로 쓰레기 버리는 사람을 만나 대형 종이 상자를 구했다. 스위스 물가에 걸맞게 우체국에서 파는 커터칼만 1만 원쯤 했으나 그때의 나는 그런 걸 가릴 처지가 아니었다. 포장을 다 마치고 배송 절차를 거쳐 송장을 붙인 의자 상자가 떠나가는 장면을 보고 있으니 과연 저게 한국으로 무사히 올 수 있을까 싶었다. 다행히 의자는 2주 후쯤 문제없이 도착했다.

개인적인 이야기를 이렇게 자세하게 적는 이유는 그때와 그 후의 경험을 통해 온갖 의자에 내 몸을 대 가며 좋은 의자에 대한 개인화된 깨달음을 얻었기 때문이다. 좋은 의자가 왜 좋은지, 어떤 의자가 좋은 의자인지, 내가 좋아하는 좋은 의자는 무엇이며 그 의자들의 값은 얼마나 되는지. 그다음에도 스위스에 갔을 때 의자를 몇 번 사 왔다. 모두 좋은 의자였다. 그래도 여전히 가장 좋은 의자는 그때 고생 끝에 처음 사 온 의자였다. 낡고 튼튼한 의자.

나는 그 의자를 왜 그렇게 좋아했을까. 내가 물건에

원하던 게 거기 있었다. 내가 원했던 건 비싼 것도 싼 것도, 최고의 제품도 최고의 '가성비'도 아니었다. 내가 원했던 건 말하자면 두루 수준 높은 물건이었다. 적당한 소재. 적당한 디자인. 그러면서도 나름의 정통성이나 맥락이 있는 것. 뭔가를 얄팍하게 따라 하지 않는 것(깊이 있게 따라 한다면 그건 이미 따라 하는 게 아니다. 나는 아주 수준 높은 모방에는 창작에 버금가는 오라가 있다고 생각한다). 실제로 쓰는 물건이니까 튼튼한 것, 몸에도 편한 것. 이건 지금 의자를 고를 때도 마찬가지로 중요하게 여긴다. 의자를 넘어 물건을 고를 때 나의 기조이기도 하다.

앞선 말에 기초해 좋은 의자의 조건을 다섯 가지로 나눠 볼 수 있다. 소재. 디자인. 정통성. 내구성. 편안함. 소재는 제품의 가격부터 품질에까지 이르는 물건의 운명에 절대적인 영향을 미친다. 내 경우에는 의자의 소재로 금속과 플라스틱보다는 나무를 좋아한다. 금속은 엉덩이가 닿았을 때 차갑고 플라스틱은 근원적인 내구성의 한계가 있다. 나무는 잘 관리하면 오랫동안 쓸 수 있고 시간이 지날수록 멋진 기운이 밴다. 멋을 위해서는 외부의 디자인도 중요하다. 밖에서 봤을 때 예쁜 게 중요하다는 건 어른만 알고 아이들에게는 좀처럼 알려 주지 않는 싸늘한 삶의 교훈이다. 사람마다 다르겠지만 나는 정통성도 중요했다. 여기에서의 정통성은 원조라기보다는 자신이 무엇의 영향을 받고 모사했는지에 대해 밝히는 투명성이다. 세상에는 수많은 모조품이 있고, 그 중에는 사람들에게 가짜라는 인지도 없이 그냥 출시되어 팔리는 물건이 많다. 나는 그런 물건을 나도 모르게 집에 들이는 사람이 되고 싶지 않았다. 아울러 의자는 계속 사람이 체중을 싣고 자세를 많이 바꿀 때 힘을 견뎌야 하는 물건이다. 내구성이 중요할 수밖에 없다. 마지막으로, 어쩌면 가장 중요한 건 편안함이다. 내구성이 좋더라도 앉은 사람이 편하지 않다면 그건 불편한 의자니까. 앉았을 때 적절히 안정적인 것, 등받이의 높이가 적당한 것. 이런 것들도 제품의 완성도를 이루는 중요한 요소다.

실제로 많은 의자를 앞서 말한 다섯 가지 지표를 통해 판별해 볼 수 있었다. 세상에는 하나에 수백만 원씩 하는 고가 의자도 많이 있다. 원목 소재 중에서도 값비싼 티크나 로즈우드를 쓰고, 훈련되고 유명한 전문 디자이너가 자체적으로 디자인하고, 견고성과 편안함이 확보된다면 자연스럽게 이렇게 비싼 가격이 붙게 된다. 더 비싸질 수도 있다. 세상에 공짜는 없으니까.

반대의 경우도 마찬가지다. 아주 저렴한 의자 역시 품질이나 가격에 기본적인 영향을 미치는 요소를 상당히 깎아 냈다는 뜻이다. 이를테면 저렴한 의자를 사면 새것을 사더라도 삐걱거리는 소리가 많이 날 때가 있다. 부품이 맞닿는 부분이 헐겁다는 의미다. 디자인 등 초기 투자에 비용이 많이 드는 부분을 걷어 내기 위해 거의 표절 수준으로 디자인 요소를 따라 하는 물건도 있다. 세상 모든 물건을 비싼 걸로만 살 필요는 없다. 그것은 그것대로 꼴사나운 일이다. 반면 세상에 공짜가 없는 것도 확실하니 무턱대고 싼 것만 취해도 뭔가 문제가 생긴다.

나는 이런 것들을 깨달아 가며 의자를 하나씩 구했다. 그렇게 내 첫 집을 채워 나갔다. 경험을 통해 원칙이 생기고 나자 그 뒤에 산 물건도 비슷했다. 내가 구할 수 있는 가격대의 튼튼하고 낡은 의자를 틈날 때마다 샀다. 의자가 없이 지내던 몇 달 간의 이야기는 이제 옛날이야기고, 나중에는 혼자 사는데 의자가 몇 개씩이나 쌓이기도 했다.

여기까지 읽은 독자 여러분은 '사는 것도 바쁜데 의자 사는 것까지 이렇게 많이 고민해야 하나' 싶을 수도 있다. 나는 그렇게 해 보는 것도 괜찮다고 제안하고 싶다. 나만의 좋은 물건을 고르는 기준을 하나 정하고 나면 다른 물건을 고를 때도 그 기준을 적용할 수 있다. 삶의 기준 하나를 정하고 여러 곳에 적용하는 것이 효율적인 삶이 될 수도 있다. 그러니 생각을 훈련하는 용도로 한 번쯤은 고민해 봐도 좋을 것 같다. 나에게 좋은 의자는 무엇인지.

정말 여러분이 좋은 의자를 찾아야 한다면 크게 몇 가지를 보았으면 싶다. 일단은 외부 조사 등을 통해 의자계의 유명 디자인을 찾아보면 좋다. 사람의 상상력은 한계가 없는 듯하면서도 한계가 있어서 많은 물건이 웬만하면 출시되어 있다. 그중에서도 가구는 유명 가구를 따라 한 카피 제품이 적지 않다. 나도 모르게 가짜를 사고 싶은 게 아니라면 유명 의자의 디자인 같은 걸 미리 알아 두면 좋다. 요즘은 인터넷에 각종 정보가 많아서 소비와 관련된 정보는 조금만 검색해도 쉽게 찾아볼 수 있다.

마음에 드는 디자인을 찾은 뒤에는 물건 자체의 만듦새를 보면 된다. 전체적인 비례는 훌륭한지, 앉았을 때 편안한지, 각종 접합 부위는 잘 맞물려 있는지, 표면 처리는 잘 되어 있는지, 앉았을 때 삐걱거리거나 어딘가 불편하지는 않은지 등. 이런 요소를 볼 때 '나는 물건에 대해 잘 몰라서 봐도 모를 텐데 어쩌지'라고 걱정할 필요는 없다. 자세히만 들여다본다면 제품의 완성도는 금세 알 수 있다. 잘 만든 것도 잘 못 만든 것도 나름의 티가 난다. 여기서 굳이 설명하지 않아도 사람의 눈은 그 정도는 알아볼 수 있다. 모르면 배우고 익히면 된다. 그걸 익혔을 때의 기쁨을 알고 나면 그 전으로 돌아갈 수 없다.

의자를 구체적으로 어디서 찾아야 할까. 이케아 매장에 한 번쯤 가 보는 건 좋다고 생각한다. 가장 큰 장점은 눈치 보지 않고 여러 가구를 편히 볼 수 있다는 점이다. 이케아 매장에는 거대한 쇼룸이 있고 그 쇼룸에는 이케아에서 판매하는 모든 제품의 실물이 전시되어 있다. 일반 가구 판매점이나 고급 가구 판매점이라면 너무 오래 앉아 있거나 이것저것 만져 볼 때 눈치가 보일 수도 있겠지만 이케아 매장은 문 열 때 가서 문 닫을 때까지 있어도 눈치 볼 일은 없다.

좋은 물건을 보고 싶다면 요즘 많이 생기는 대형 빈티지 가구 매장에 가 보는 것도 좋다. 강남권에 자리한 고급 가구 매장에서도 좋은 걸 많이 팔지만 경험상 그곳에서 이것저것 만져 보고 가구의 만듦새를 느껴 보기에는 조금 부담스러웠다. 요즘은 서울 교외에 창고형 대형 가구 매장이 많으니 시간 날 때 적당히 가 보는 것도 좋겠다.

의자는 어디에나 있으니 어떤 면에서는 생활 곳곳이 의자 체험의 현장이기도 하다. 좋은 의자에 관심이 있다면 선진국의 박물관이나 미술관에 많이 가 보는 것도 생각 외로 도움이 된다. 선진국의 미술관이나 박물관에서는 관람객들 앉으라고 놔둔 의자도 수준 높은 물건으로 가져다 두는 경우가 많다. 식당 역시 의자를 체험할 수 있는 장소 중 하나다. 고급 레스토랑은 음식뿐 아니라 접객이나 가구, 화장실까지 모두 일정 수준 이상을 충족시키며 총체적으로 좋은 경험을 주는 공간이다. 한국에도 고급 레스토랑이 많고 그곳에도 좋은 가구가 많이 들어와 있다. 요즘은 워낙 삶의 질에 대한 기대가 높아지고 있으니, 그런 곳에 가서 좋은 의자를 체험해 보는 것도 의미가 있을 거라 본다.

마지막으로 완벽한 의자란 게 세상에 있을까, 생각해 본다. 그런 건 없다. 어떤 의자도 한 자세로 오래 앉아 있는 사람의 몸을 완벽히 보호해 줄 수는 없다. 어떤 일을 하든 한 자세로 오래 앉아 있지 말고 휴식 시간 잘 맞춰서 운동하시길 바란다.

{ 10 }
손목시계

살면서 손목시계를 찰 일이 몇 번은 있다. 그중 한 번이 수능을 볼 때다. 관련 규정도 있다. 통신, 결제 기능이 없고 전자식 화면 표시기 없이 시침, 분침, 초침이 있는 순수 아날로그 시계. 그래서 검색창에 '수능시계'라고 검색하면 방금 언급한 모양 같은 시계들이 나온다. 검은 플라스틱 케이스에 흰색 다이얼이 있고 시침, 분침, 초침이 검은색인 손목시계다. 아이들에게 "손목시계를 그려 보렴"이라고 했을 때 그릴 법한 모양이다.

수능시계는 디자인 레퍼런스가 있다. 일본의 카시오에서 나온 보급형 손목시계 mq-24다. 그 시계의 디자인 요소도 수능시계와 거의 비슷하다. 손목시계의 외부 전체를 '케이스'라 부르고 거기 감긴 시곗줄을 밴드라 부른다(시곗줄 소재가 금속일 경우는 '브레이슬릿'이라는 별도의 명칭이 있다). 손목시계의 도화지 역할을 하는 바탕 부분을 다이얼, 다이얼에 숫자나 로마자 등으로 눈금이 새겨진 걸 인덱스라 총칭한다. 수능시계와 카시오 mq-24는 거의 모든 세부가 비슷하다. 검은색 케이스. 약간의 신축성이 있는 밴드. 흰색 다이얼과 검은색 인덱스와 검은색 시침, 분침, 초침.

카시오 mq-24에도 디자인 레퍼런스가 있다. 스위스의 손목시계 브랜드 스와치의 최초 모델인 '원스 어게인'이다. 스와치의 원스 어게인도 카시오의 보급형 손목시계와 디자인 요소를 공유한다. 검은색 플라스틱 케이스, 신축성 있는 검은색 밴드, 흰색 다이얼 위 검은색 인덱스와 검은색 시침, 분침, 초침까지. 둘을 나란히 놓고 보면 영향을 받았다는 사실을 확실히 알 수 있다.

손목시계의 계보나 경향성을 따라 올라가다 보면 스위스에 닿는다. 스와치 시계에도 디자인 레퍼런스가 있다. 옛날 스위스 시계다. 스와치의 원스 어게인은 스위스 손목시계의 기본형이라 할 수 있는 '타임 온리' 손목시계 실루엣을 가져와 플라스틱으로 재현했다고 볼 수 있다. 대표적인 실루엣이 파텍 필립의 칼라트라바

ref. 96 같은 모델이다. 그런 스위스 손목시계는 오늘날 기술로 만들어진 물건이 아니다. 시계가 전지가 아닌 태엽의 힘을 통해 움직이던 시대의 물건이다. 그런 시계를 기계식 시계라 부른다.

좋은 시계를 이야기하기 전에 이런 이야기를 하는 이유는 오늘날의 손목시계는 맥락과 쓰임에 따라 조금 복잡한 물건이 되었기 때문이다. 오늘날 손목시계를 차거나 살 때 사람들은 여러 질문과 마주하게 된다. 왜 수백만 원에 이르는 '명품 시계'는 만 원짜리 시계보다 덜 정확한가? 왜 서유럽 국가 중에서도 스위스의 시계가 좋은가? 스마트워치를 사면 되지 않나? 모두 스마트워치를 차는데 나는 왜 기계식 시계를 갖고 싶어 할까? 손목시계라는 것이 필요하기는 한가? 이 원고는 시계 구경과 취재와 원고 작성을 10년 넘게 한 입장에서 드리는, 이런 질문들에 대한 나름의 대답이다.

스위스는 기계식 시계가 전 세계 손목시계 시장의 주류를 이룰 때의 시계 산업 최강국이다. 세상에 그냥 이루어지는 건 없다. 스위스 시계는 위기 속에서 태어나 몇 차례의 고비를 넘기고 살아남았다. 스위스 시계 기술을 이루는 정밀기계 제작 기술은 오늘날의 손목시계에 쓰이는 기술과는 큰 상관이 없다. 그런데도 오늘날 스위스 시계가 선전하는 이유는 두 가지다. 높은 제작 품질과 공들인 마케팅. 그를 통한 시간 계측기에서 귀금속으로의 포지션 변경 성공. 그 덕에 스위스 시계는 여전히 전 세계적인 인기를 누린다.

그러므로 좋은 손목시계라는 질문에 대한 답을 내기 위해서는 여러분이 그 시계를 차야 하는 목적과 이유가 중요하다. 오늘날 손목시계가 필요해지거나 이 기계를 즐기는 이유는 크게 세 가지 정도가 있는 듯하다. 첫 번째, 정확한 시간 알기. 두 번째, 손목시계라는 기계 자체의 기계적 성능과 내외부 세공 등 여러 요소를 즐기기. 세 번째, 액세서리로 즐기기. 여러분이 손목시계를 갖고 싶거나 필요하다고 생각했다면 일단 이 세 가지 상황 중 자신의 수요가 어디에 속하며 자신이 무엇을 원하는지 생각해 보는 게 먼저다. 수요와 소원에 따라 '좋은 손목시계'의 기준은 아주 많이 달라질 수 있다.

현재 시각을 정확히 알고 싶다면 답은 간단하다. 아무 시계나 사도 된다. 농담이 아니다. 정확한 시간을 보여 주는 기술은 길게 보면 약 400년 동안 발전에 발전을 거쳐 이루어진 인류 기계문명 발전의 일부다. 인류는 몇 가지 혁신적인 발견과 발명을 통해 정확한 시간을 알려 주는 기계를 대량생산 하는 데 성공했다. 지금 여러분이 약 1~2만 원이면 살 수 있는 카시오 mq-24는 약 100년 전만 해도 전 세계의 누구도 누리지 못하던 기술적인 진보다. 더구나 요즘 손목시계는 내구성도 좋다. 저렴하다. 금방 망가지지 않는다. 사치품이 아닌 시계 전문 회사의 제품을 살 경우 질릴 때까지 멀쩡하게 착용할 수 있다. 망가지면 소모품처럼 또 사면 된다.

이럴 때 쓰기 좋은 시계가 카시오의 F-91W나 앞서 언급한 mq-24다. 둘 다 2023년 7월 기준 판매가가 2만 원 이하다. 내구성은 국제적으로 보증받았다. 워낙 튼튼해서 오사마 빈 라덴이나 테러리스트나 미군도 쓰고, 디자인이 간결해 버락 오바마나 손석희도 쓴다. 어디서나 정확한 시간을 알 수 있는 기계가 이렇게 저렴해졌다는 건 인류 문명의 큰 진보라고 생각한다. F-91W는 디지털 시계라 시곗바늘이 돌아가는 걸 보고 싶다면 mq-24가 낫겠다. 비슷한 시계가 많은데 특정 브랜드의 이 두 시계를 추천하는 이유는 세 가지다. 대표성이 있고 구하기가 쉬우며 더 싼 저가형 시계보다는 훨씬 믿을 만하다. 이 두 시계를 다 사도 3만 원 이하로 가능하다. 요즘 최저임금 기준으로 3시간 정도의 시급이면 인류 문명의 금자탑을 두 개나 가질 수 있다.

손목시계라는 기계 자체를 즐길 수도 있다. 세상에

는 특정 기기의 여러 요소를 즐기는 게 취미인 사람도 많다. 손목시계도 마찬가지다. 금속으로 만든 손목시계는 기계공학과 소재공학과 금속공예와 제품 디자인 영역에 골고루 걸쳐 있는 물건이다. 관심의 방향에 따라 탐구하고 즐길 부분이 아주 많다. 여러분도 백화점에 가면 볼 수 있는 고가 손목시계들은 금속 정밀기계가 가질 수 있는 여러 요소를 잘 다듬어 높은 가격을 붙인 것이다. 이런 식으로 물건의 디테일에 집중하는 취미를 붙여 보는 것도 좋다. 가격도 마냥 비싸지 않다. 기계식 무브먼트를 탑재한 손목시계의 역사는 100년이 넘었다. 한 세기가 쌓이며 10만 원 언저리로 살 수 있는 저가형 기계식 시계나 빈티지 기계식 시계도 많이 있다. 하나씩 착용하거나 관찰하며 내외부를 즐기는 것도 고졸한 취미라 생각한다.

손목시계라는 기계 자체만 즐길 거라면 이쪽 취미는 굉장히 흥미로운 세계가 된다. 앞서 말했듯 저가형 기계식 손목시계나 빈티지 손목시계는 10만 원 언저리의 부담 없는 것들도 있다. 이런 물건에 대한 정보도 인터넷에 많이 있다. 특히 중국의 쇼핑 플랫폼 알리익스프레스가 시계 취미를 근본부터 뒤흔들고 있다. 중국의 제조업 역량은 이미 상당한 수준으로 올라왔는데, 알리익스프레스 등의 전자상거래 시장이 생기면서 개인도 중국의 제조업 제품을 쉽게 구입할 수 있다. 중국은 오랫동안 스위스 시계의 모조품을 제조하거나 주요 시계들의 OEM 생산을 맡아 온 전력이 있다. 그래서인지 일반 손목시계의 디테일도 상당하다. 시계 분해 도구나 공구 등도 판매하고 있으니 시계 분해와 조립이라는 지적인 취미에 들어가는 비용도 상당히 줄어들었다. 유튜브를 통해 시계 분해나 수리 관련 영상도 쉽게 찾아볼 수 있다.

요즘 사람들은 현재 시각을 간절하게 알아야 할 필요가 없어도, 기계를 즐길 마음이 딱히 없어도 손목시계를 찬다. 대부분의 손목시계가 사실상 웨어러블 액세서리다. 그 역시 충분히 할 법한 생각이다. 사실상 오늘날의 손목시계 전문 브랜드는 자사의 시계를 거의 패션 아이템 대하듯 하고 있다. 이 경우에는 복잡하고 미묘하며 무엇보다 정답이 없다. 사람들의 기준은 조금씩 다르고, 액세서리로 좋은 시계의 기준 역시 사람마다 모두 다를 테니. 이런 시계야말로 남이 좋다 나쁘다고 할 수 없다. 여러분의 기호와 상황에 따라 돈을 쓰면 된다.

다만 품질의 기준에 관해 이야기를 할 수는 있겠다. 기계로서의 손목시계가 필요로 하는 가장 큰 품질 증표는 다름 아닌 내구성이다. 사람의 손목 위가 기계에 상당히 가혹한 환경이기 때문이다. 이를테면 롤렉스가 인기인 이유는 그 시계가 그저 '명품'이라서가 아니다. 결정적인 이유는 롤렉스의 내구성, 그중에서도 방수 성능이다. 롤렉스는 지금으로부터 100여 년 전인 1920년대부터 다른 시계들이 방수 성능에 치중하지 않을 때 독자적인 방식으로 방수 성능을 끌어올렸다. 손목시계의 역사에서 가장 골치인 장애물 중 하나는 물이었다. 롤렉스는 일찍부터 그 리스크를 알고 다른 브랜드는 하지 않던 방식으로 외부 수분 유입을 틀어막는 데 성공했다. 그래서 롤렉스를 보면 '오이스터 퍼페추얼'이라는 말이 적혀 있다. 굴oyster처럼 꽉 닫혀서 지속적인perpetual 방수 성능을 유지한다는 뜻이다. 이 외에도 오늘날 클래식으로 남은 브랜드들은 모두 오랜 시간이 지나도 제 성능을 유지한다는 공통점이 있다. 시계는 본연의 기능이 있는 기계이므로 예쁜 게 전부가 아니다.

손목시계는 사람 눈에 띄는 것이니 예쁜 것도 중요하다. 좋은 품질에는 디자인도 분명히 포함된다. 다만 여기에서의 좋은 디자인은 단순히 예쁜 것만이 아니다. 손목시계의 디자인에서 가장 중요한 건 한 번에 시간이 잘 보이는지의 여부다. '시계니까 시간이 잘 보이는 게 당연한 거잖아'라고 생각할 수 있으나 그 당연한 걸 구현하는 게 쉽지 않다. 특히 시계의 기능이 많아질 경우 더욱. 사람의 손목 면적이 한계가 있으니 손목시계의 크기는 숙명적으로 제한이 있다. 그 제한된 면적 안에서 최대한 효율적으로 시간을 잘 보여 주는 것이 손목시계 디자인의 숙제다. 아울러 손목에 감기는 물건인 만큼 손목에 감겼을 때 알레르기가 돋거나 불편한 이물감을 주지 않는 것도 제품 기획으로의 디자인에서 풀어야 할 과제다.

내구성과 디자인이라는 기본 조건을 만족시켜야 흔히들 말하는 고급 시계의 출발선에 설 수 있다. 여기에 복잡한 설계, 섬세한 공예적 요소, 값비싼 소재, 희소성 등이 붙을 때 가격은 천정부지로 올라간다. 수억 원을 호가하는 손목시계도 많이 있다. 돈이 많이 드는 생활이 좋은 거라 주장하는 일부 미디어들은 그런 고가의 시계를 좋은 시계라 칭하기도 한다. 그 시계에 여러 복잡한 요소가 들어 있는 건 사실이다. 그 시계를 만들기 위해 여러 분야의 사람들이 자신의 전문성을 들여 노력한 것도 사실이다. 그런 물건을 손에 쥐고 들여다보고 있으면 '물건을 이렇게까지 만들 수 있구나'라는 경외감이 드는 것도 사실이다. 오늘날의 고가 시계 산업은 그 경외감에 가격을 붙여 판매하는 거라 볼 수도 있다.

다만 고가 손목시계는 특별한 취미 기구다. 예를 들어 세계 최고의 투포환 선수가 있다면 그는 분명 자기 분야에서 대단한 노력을 해서 그 영광을 얻었을 것이다. 그에게는 분명히 경외할 만한 엄정함과 아름다움과 치열한 노력이 있었을 것이다. 다만 세상 모두가 그를 알고 칭송하며 부러워할 필요는 없다. 고가 시계에 대한 내 의견도 이와 비슷하다. 모든 사람이 관심을 가지거나 부러워할 필요는 없다.

그렇다 해도 살면서 고가 시계를 한 번쯤은 사 볼까 싶은 마음이 들 수도 있다. 고가 시계를 사는 게 나쁜 일도 아니고 미혹한 일도 아니다. 그런 분들이 백화점의 시계 코너에 간다면 수많은 브랜드 중 무엇이 좋은지 궁금해질 수도 있다. 그런 분들을 위해 '고가 손목시계'라는 특별한 장르의 시계를 구입할 때 통하는 기준을 간략히 말씀드린다면 다음과 같다.

첫째, 자신이 원하는 게 무엇인지 확실히 하라. 내가 브랜드를 원하는지 제품의 디테일을 원하는지에 따라 선택지가 달라진다. 유명 브랜드를 원한다면 유명 브랜드의 제품을 사면 된다. 제품의 디테일은 다이얼의 입체성, 무브먼트(기계식 시계의 엔진 역할을 한다)의 정확도 인증 여부, 시계의 각 평면과 곡면에 들어간 세공 여부와 그 완성도 등이다. 둘째, 환금성을 염두에 둘 거라면 무조건 유명 브랜드의 유명 모델을 사라. 그렇지 않는다면 나중에 후회할 가능성이 높다. 셋째, 이 물건이 기계라는 사실을 명심하라. 전자 제품과 달리 기계의 세계는 트레이드오프가 확실하다. 각종 기능이 더해지면 시계가 두꺼워지고 그만큼 묵직해진다. 얇은 시계는 얇기 때문에 조금 더 비싸고 내구성이 약하다. 금은 고급스럽지만 금이어서 비싸고 무르다. 티타늄은 스틸보다 가벼운 만큼 비싸다. 이처럼 자신의 생활 습관과 물건의 특성을 함께 감안해 봐야 고가 시계라는 특별한 고가품을 살 때 조금 더 편안하게 사용할 수 있다.

지금은 손목시계가 필요 없어진 세상이다. 손목시계를 '정확한 시간을 알려 주는 휴대용 장치의 일종'으로 본다면 우리는 이미 스마트폰이라는 최고 수준의 휴대용 시계를 가지고 있다. 여러분이 만약 손목시계라는 게 갖고 싶어졌다면 이런 요소들을 떠올리며 자신의 욕망이 어디에서 왔는지 역추적해 보길 바란다. 자신의 욕망을 제대로 이해하고, 그 욕구에 따라 선택한다면, 어떤 물건이든 만족스럽게 사용할 수 있을 것이다.

{ 11 }

손톱깎이

현대 사회를 이루는 거의 모든 물건에는 나름의 역사와 디테일이 있다. 오늘 아침에 무심코 들고나온 것에서부터 어제 아침에 먹었고 내일 저녁에 먹을 것, 틈틈이 시간을 보낼 때 쓰는 스마트폰의 각종 소프트웨어와 편의점의 먹을거리는 물론 잘 때 덮는 이불에도 나름의 발전상이 있다. 그러니 여러분이 쓰는 작은 물건인 손톱깎이에도 해당 분야의 역사와 디테일이 있다.

손톱깎이의 종류는 크게 둘로 나눌 수 있다. 하나는 칼이나 가위 등 손톱깎이 모양은 아니지만 그 기능을 하는 것, 다른 하나는 우리가 아는 모양의 그 손톱깎이다. 쇠를 핀셋 모양으로 접어 양 끝에 날을 갈아 놓는다. 핀

셋의 양 끝단 부분을 관통하는 구멍을 뚫어 지렛대 역할을 하는 손잡이를 설치한다. 손잡이는 평소에는 본체 위에 납작하게 접혀 있다가 손톱을 깎을 때면 방향을 돌려 지렛대 역할을 한다. 구조적으로 간결하고 부피도 작아서 간단해 보이지만, 간단한 구조의 혁신적인 제품을 만드는 것이야말로 어려운 일이다. 이 손톱깎이는 1905년 미국 특허청에서 승인된 후 지금까지 다듬어진 거라고 알려져 있다. 옛날 손톱깎이 사진과 지금의 손톱깎이를 비교하면 손톱깎이 디자인은 이미 그때 완결된 디자인에 가까웠음을 알 수 있다. 그때와 지금 것이 큰 차이가 없다.

한국 손톱깎이의 역사도 따로 있다. 한국은 반도체 이전에 손톱깎이로 세계 점유율 1위를 차지한 적이 있는 손톱깎이 강국이다. 손톱깎이 강국이 된 배경은 1980년대로 올라간다. 당시 국가 주도형 산업 개발 풍조 속에서 손톱깎이를 잘 만들어 보라는 지시가 상부에서 내려왔다고 한다. 그 결과 공무원과 기업이 일사불란하게 움직여 탄소강을 사용한 한국산 고성능 손톱깎이가 만들어질 수 있었다. 그 탄소강이 만들어진 배경이 당시의 상부 지시였고, 그때의 지시 때문에 아직도 포항제철은 손톱깎이용 탄소강을 만든다. 이런 요소가 모여 한국산 손톱깎이는 첫 번째 전성기를 맞았다.

한국산 손톱깎이의 전성기는 2000년대까지였다. 현재는 전 세계의 모든 제조업이 중국의 역량과 경쟁력을 이기기 힘들게 되었다. 손톱깎이도 마찬가지였다. 한때의 한국처럼, 높은 가격 경쟁력을 자랑하는 중국산 손톱깎이를 가격으로 이기는 건 어려운 일이다. 이미 완성된 물건을 '더 좋게' 향상시키는 건 그만큼 까다로운 일이다. 여기서 '더 좋게'라는 건 가격 경쟁력을 포함한 여러 요소를 일컫는다. 좋은 손톱깎이를 이루는 요소로 크게 세 가지를 들어볼 수 있다. 소재, 구조, 날이다.

스마트폰부터 손목시계에 이르기까지 좋은 금속가공품의 출발점은 좋은 소재다. 좋은 소재란 그 물건에 적합한 소재가 잘 제련되고 가공된 것을 말한다. 손목시계에 스테인리스스틸을 쓰고 스마트폰에 산화알루미늄을 쓰고 이어폰에 플라스틱을 쓰는 이유는 각각의 이유로 그 소재가 가장 적합하기 때문이다. 손톱깎이는 앞서 말한 탄소강이 적합하다. 한국의 포스코는 산업화 시대의 전통에 따라 손톱깎이 전용 탄소강인 '15CM'을 아직도 출시한다. 탄소가 0.15퍼센트 들어 있어서 15CM이다. 더 고급스러운 느낌을 내고 싶다면 스테인리스스틸을 쓴다. 해외 업체 중에는 아연 도금을 해서 무광 느낌을 내는 곳도 있다. 어떤 후처리를 하든 그만큼 가격이 올라간다.

소재보다 더 중요한 건 크기와 비율 자체다. 적당한 손톱깎이의 크기라는 건 생각보다 까다로운 문제다. 당장 여러분의 손톱을 바라보며 생각해 보자. 손톱과 발톱 크기는 사람마다 다르다. 큰 걸 자르려면 크기가 큰 도구를 쓰는 게 효율적인데 어떤 크기의 것을 자를지 알 수 없다. 즉 표준 손톱깎이 크기를 정하는 것부터 상당히 어려울 거라 짐작할 수 있다. 아울러 손톱깎이의 구동 원리를 생각했을 때 손잡이의 길이 비율도 중요하다. 손톱깎이는 지렛대의 원리로 움직인다. 지렛대를 기준으로 좌우의 길이 비례가 얼마나 되는지에 따라 사용자가 써야 하는 힘이 결정된다. 비례하는 길이가 짧으면 힘이 많이 들 것이고 비례하는 길이가 길면 손톱깎이가 너무 길어질 것이다. 오늘날 이상적인 손톱깎이 지렛대의 비율은 1:8로 일컬어진다. 이 수치도 공짜로 나온 수치가 아니다. 모든 건 실험의 결과다.

그리고 손톱깎이의 핵심 부위인 '날'이 있다. 손톱깎이 날의 절삭력이 손톱을 깎을 때의 느낌을 만들어 낸다. 보통 손톱깎이는 날 부분을 한 번만 갈아서 만든다. 한국의 로얄금속공업은 고급형 손톱깎이를 만들 때 날 부위를 다섯 번 갈아 낸다. 더 날카로운 날을 만들기 위해서다. 일본의 손톱깎이 전문 업체 그린벨의 고급 모델은 완성되기까지 열여섯 개의 공정을 거친다고도 알려져 있다. 다섯 번이든 열여섯 번이든 보통 손톱깎이보다 잘 깎인다는 면에서는 같다.

날이 날카로워지면 손톱을 깎을 때의 느낌도 달라진다. 날이 무디면 여러분의 귀에도 익숙할 '딸깍' 소리가 나며 손톱이 떨어져 나간다. 날이 날카로우면 '딸깍'보다는 '숭덩' 하는 느낌으로 손톱이 썰려 나간다. 날이 날카롭다고 마냥 좋을 일도 아니다. 날이 너무 날카로우면 원가가 오를뿐더러 안전사고의 우려도 생긴다. 결론적으로 좋은 손톱깎이를 만들려면 '딸깍'과 '숭덩' 사이 어딘가에서, 가장 기분 좋게 손톱이 잘려 나갈 최적의 지점을 찾아야 한다. 손톱깎이 날의 디자인도 중요하다. 일자일지 혹은 괄호 모양처럼 완만한 커브를 그릴지에 따라서도 손톱이 깎여 나가는 느낌이 다르다. 이런 변수는 개인의 기호이니 적당히 생각해 보고 자신에게 맞는 걸 고르면 된다.

마지막으로 손톱이 잘 잘리기 위해서는 아주 정밀하게 계산된 오차가 필요하다. 손톱깎이 윗날과 아랫날이 완전히 맞물리면 손톱을 자를 때 오히려 효율적이지 않다. 손톱이 잘 깎이려면 윗날과 아랫날이 맞물렸을 때 아주 작은 오차가 있어야 한다. 오차의 범위는 업체 따라 다른데 0.1밀리미터에서 0.05밀리미터까지 오차를 줄인 회사도 있다고 한다. 너무 복잡한 거 아니냐고? 남에게 인정을 받으며 먹고살려면 어느 분야에서든 이 정도는 해야 한다.

그 모든 변수가 모인 게 지금 여러분이 가정이나 사무실에서 무심코 쓰고 있는 손톱깎이다. 원 소재부터 도금하는 방식, 전체적인 크기와 비율, 날의 절삭도와 각종 디테일, 그로 인해 결정된 원가와 소비자 가격까지, 이 모두는 익명의 보통 사람들이 하나씩 찾아낸 손톱깎이의 황금 비율을 이루는 요소들이다.

여기까지 이해했다면 고급 손톱깎이의 조건에 대해서도 알 수 있을 것이다. 일단 소재가 기본 이상이어야 한다. 녹이 슬지 않는 원소를 섞은 '메디컬 스틸' 정도의 스테인리스 스틸이라면 더 바랄 게 없겠다. 식칼이나 손목시계에 쓰는 스테인리스스틸 번호는 304다. 이 정도면 충분하다. 사용자의 편의성을 위한 구조적 고민이 이루어져 있다면 더 좋겠다. 휴대하기 편하면서도 손톱이 잘 깎일 만한 최적의 크기, 적당히 힘을 주면 손톱이 잘려 나갈 손잡이 지렛대의 전후 비율이 잡혀 있으면 내 손톱도 그만큼 쉽게 깎을 수 있을 것이다. 이 모든 요소가 완성되었다면 마지막 완성도의 기점은 날에서 정해진다. 고급 절삭 과정을 거친 날은 육안으로 보기에도 확연한 반사광을 낸다. "이가 나갔다"고 표현하는 날 곳곳의 마모 역시 없다.

그런 손톱깎이로 손톱을 깎으면 어떨까? 나는 개인적인 호기심으로 프리미엄 손톱깎이를 몇 번 써 본 적이 있다. 프리미엄 손톱깎이라고 일컬어지는 물건은 많이 잡아야 3~4종이고, 그중 가장 비싼 것도 5만 원 정도여서 최고급 구매 후 비교 분석 체험이라는 호사스러운 경험을 하는 데 든 예산으로는 크게 부담스럽지 않았다.

한국의 로얄금속공업에서 만드는 고급형 손톱깎이 '혼'은 무척 인상적이었다. 혼은 앞서 말한 고급 손톱깎이의 조건을 두루 갖췄다. 최적의 누름 압력을 위해 실험을 거쳤고, 그 결과 만들어진 크기와 비율이 있다. 날은 보통 한 번 갈아서 만드는 데 혼은 다섯 번 갈았다. 날 뒤편에는 잘린 손톱이 사방으로 튀지 않도록 실리콘 받침대까지 달았다. 그걸로 손톱과 발톱을 잘라 보면 '손발톱이 이렇게 무른 거였나' 싶을 정도로 잘 잘린다. 보통 손톱깎이로 손톱을 자르면 마른국수를 부러뜨리는 느낌이 난다. 고급 손톱깎이로 손톱을 자르면 익은 국수를 써는 느낌이 난다. 바뀐 건 손톱이 아니라 손톱깎이인데. 좋은 물건에는 그런 힘이 있다.

일본의 손톱깎이 전문회사 그린벨도 프리미엄 손톱깎이를 만든다. 이름부터 '타쿠미노와자'匠の技 즉 '장인의 기술'이라는 의미다. 가격은 혼보다 저렴해서 1~2만 원대다. 혼보다 저렴할 뿐이지 1천 원짜리도 있는 일반 손톱깎이와 비교하면 몇 배나 비싼 고급품이다. 깎아 보면 역시 고급품의 느낌이 난다. 잘 만들어진 물건 특유의 조약돌처럼 단단한 느낌이 있다. 그린벨 타쿠미노와자의 장점은 다양한 가격대와 라인업이다. 사이즈나 손톱 받침의 종류에 따라 가격이 다양하니 주머니 사정 따라 원하는 걸 사면 된다.

독일의 헨켈 손톱깎이는 어느새 한국의 트렌드 전도사가 된 무라카미 하루키 덕분에 유명해졌다. 무라카미 하루키는 『세계의 끝과 하드보일드 원더랜드』에서 독일의 헨켈 손톱깎이를 쓰는 장면을 그린다. 무라카미 하루키의 소설처럼 헨켈의 손톱깎이 역시 예쁘고 비싼데 그 값을 하지는 못한다. 써 보면 너무 빽빽하고, 날이 날카로운데 손톱에 너무 깊이 박혀서 손톱을 자르기 힘들다는 느낌을 받았다. 이 손톱깎이의 진정한 경쟁력은 디자인이다. 보통 손톱깎이와 달리 이 손톱깎이는 쓰지 않을 때 납작하게 접어 전용 케이스에 넣어 보관할 수 있다(살 때 케이스가 포함되어 있다). 이 손톱깎이 특유의 조형미는 다른 회사의 물건이 따라갈 수 없다. 가격도 셋 중 가장 비싼 편이다.

이렇게 다양한 손톱깎이를 쓰다 보면 깨닫게 된다. 적어도 손톱깎이에서 좋은 물건은 제품을 이루는 모든 요소가 안정되어 균형을 이루는 것이다. 소재와 구조와 디테일과 디자인은 물론 가격까지. 앞서 말한 최고급 손톱깎이는 한 제품군의 최고 사양일 뿐이다. 최고 사양 제품의 느낌을 느껴 보는 것도 좋지만 느끼지 않아도 상관없다. 로얄금속공업과 그린벨을 예로 들면 이들 회사 라인업에서는 최고 사양 제품까지 넘보지 않아도, 일반 제품만 해도 충분히 훌륭하다. 사양을 적당히 조절해 가격을 낮추는 것 역시 대단한 노하우이며 의사 결정이다. 대량 생산품은 모든 요소가 극도로 최적화된 결과물이다. 흔히 사람들은 대량 생산품에는 영혼이 없고 장인이 손으로 한 땀 한 땀 만든 것에 영혼이 있다는 식으로 생각하는 걸 좋아한다. 나이브한 가설이다. 대량 생산품에도 엄연히 영혼이 있다.

손톱깎이를 소개할 때도 내가 전하려는 주제는 늘 같다. 좋은 물건의 조건을 생각하는 건 그 자체로 입체적인 정보 수집과 사고와 분석 훈련이 된다. 가격이든 디자인이든 브랜드 스토리든, 한 가지 조건만 놓고 물건을 평하는 태도는 깊다고 볼 수 없다. 가격은 물건의 가치에 매겨진 하나의 지표일 뿐이다. 가격 하나만을 두고 전체의 가치를 판단하는 건 간단한 판별법이겠지만 입체적인 판별법은 아니다.

물건을 이리저리 생각해 볼 때는 물건을 이루는 지표가 어떻게 매겨졌는지에 대한 이해와 해석이 중요하다. '내가 어떤 지표와 어떤 이유로 점수를 주느냐'는 내가 가진 개인적 정합성의 영역이다. 손톱깎이를 예로 들면 '나는 가격에 점수를 주겠다' '나는 내 나라의 생산품에 점수를 주겠다' '나는 생김새에 점수를 주겠다' 같은 지표들이 각 개인이 가진 정합성에 입각한 채점 기준이 되겠다. 이 개인적 정합성의 집합을 이른바 취향이라 할 수 있을 것이다. 그러므로 '손톱깎이에도 취향이 있다'는 말은 자신이 기존에 갖고 있던 세계관을 토대로 자신이 관찰하고 조사한 손톱깎이 정보를 해석하는 것이라 할 수 있겠다. 이 사고의 관찰과 흐름이 잘 구현된다면 분명 손톱깎이 취향도 만들어질 수 있다.

나는 세상을 이루는 건 거창한 사상이나 책상에만 앉아 있는 자들이 말하는 당위론이 아닌 현장의 디테일이라 생각한다. 오늘날 모든 면에서 최적화된 손톱깎이처럼. 저렴한 손톱깎이는 유통처에 따라 약간의 차이가 있으나 일반 마트에서 1천 원 정도면 살 수 있다. 그만큼 최적화된 손톱깎이의 가격이 삼각김밥값 정도인 것이야말로 인류 문명의 금자탑이다. 그러니 손톱깎이 원고를 마무리하기 전에 한 번 더 강조하고 싶다. 여러분의 주변 분 중 어떤 형태로든 제조업에 종사하고 계신 분이 있다면 그분을 더 응원하고 자랑스러워해도 좋겠다. 그분들 역시 각자의 자리에서 대단한 디테일들을 숙지하며 고민하고 있을 것이다.

나오는 말

구매의 기준을 생각해 보는 일

원료와 재료는 다른 개념이다. 한국 국세청 분류에 의하면 가구의 목재처럼 물리적으로만 바꿔 쓰는 걸 재료, 화학적 변화로 제품이 되는 걸 원료라고 한다.

이런 이야기를 하는 이유는 이 책에도 원재료가 따로 있기 때문이다. 나는 대입을 앞둔 수험생을 위한 잡지를 만드는 회사에서 학생들을 위한 물건 구매 가이드를 만들어 보자는 제안을 받고 이 기획을 시작했었다. 가격과 가치 사이의 관계가 점점 복잡해지는 지금, 청소년들에게 물건의 가치를 찾는 방법론을 알려 주는 원고는 흥행 여부를 떠나 나에게 의미가 있을 거로 생각했다. 이 기획을 알게 된 유유의 조성웅 대표께서 연락을 주어 이 책이 나올 수 있었다.

청소년들에게 보내는 글과 이 원고의 연관성은 크지 않다. 좀 전의 원료와 재료 개념으로 설명하면 청소년에게 보내는 원고와 유유의 책에 들어가는 이 원고는 비슷한 원료를 공유하는 다른 제품이다. 내가 찾아낸 정보와 내 나름의 의견이 원료지만 이 책에 들어간 글은 화학적으로 다른 제품이 되었다고 생각한다. 일단 모든 원고의 분량이 늘었다. 더 많은 제품 관련 정보가 들어갔기 때문이다. 청소년을 위한 원고에서는 특정 브랜드나 제품이 전혀 들어가지 않은 반면 이 책에는 특정 브랜드나 제품을 적시했다. 원고의 방향성이 다르고, 이 원고를 받아들일 독자의 반응도 청소년과 어른이 다를 거라 예상(+기대)했기 때문이다.

저자의 입장에서 모든 단행본은 나름의 도전이자 안 해 본 걸 시도하는 자리다(적어도 2023년의 나는 그렇게 하고 있다). 그 면에서 이 책도 나름의 도전이자 시도였다. 원료를 공유하며 다른 제품(원고)을 만드는 건 해 본 적 없는 경험이었다. 유유의 제안 덕에 신선한 경험을 해 볼 수 있었다.

오늘날 많은 콘텐츠 채널에서 특정 브랜드가 노출되고 개인 체험이 업로드된다. 특정 브랜드 노출은 홍보인 경우가 많고 개인 체험 중에는 큰 의미 없는 사담도 많다. 나 역시 그 사실을 알고 있으며 그래서 이런 원고를 만들면서 '아무개의 ○○물건 PICK'처럼 보이지 않을까 하는 걱정도 했다. 그러나 앞서 말했듯 나는 이 원고를 작성하며 특정 브랜드를 노출시키고 물건을 소비하는 개인적인 체험을 조금 더 집어넣었다.

이런 결정을 내린 데에도 몇 가지 이유가 있다. 일단 물건을 노출시켜야 더 구체적인 이야기를 할 수 있다고 생각했다. 요즘의 제품은 이미 마케팅을 위한 자체적인 서사를 보유하는 경우가 많다. 그 안에도 좋은 정보가 많이 있으나 원고를 작성하는 입장에서 조금 더 입체적인 정보를 넣어 보고 싶기도 했다. 입체적인 정보 중에는 개인의 실사용기도 포함될 수 있다고 봤다. 사담이 되지 않을 정도의 실제 사용기와 인상기를 적으려 했다.

개인의 의견을 드러낸 이유는 결국 모든 정보는 의견의 한 형태라고 생각했기 때문이다. 세상에 100퍼센트 객관적인 정보라는 게 있을 수가 없다. 어떤 물건의 품질 점수를 내기 위한 조건을 만들 때 어떤 조건을 품질 기준에 등재시키는가, 하는 것부터가 주관의 영역이다. 예를 들어 고가 시계에서의 고급품은 전통적인 귀금속 소재이고 고급 자전거의 소재는 신소재공학의 산물인 경량 소재인데 시계 업계에서 이 경향을 이어받아 경량 소재로 비싼 시계를 만드는 경우도 있다. 이럴 경우 시계의 무게는 고급 시계의 요소에 포함되어야 하는가 아닌가?

나는 이른바 현명한 소비 생활이란 스스로 소비와 물건에 대한 문답을 지속하는 거라고 생각한다. 물건을 둘러싼 복잡한 질문 사이에서 답을 내야 하는 사람은, 아울러 물건 사이에서 이런 질문을 만들어 나름의 판단을 해야 하는 사람은, 여러분 자신이다. 그 답을 내리지 못한 채 산다면 평생 각종 마케팅용 신화와 마케팅 이벤트에 파묻힌 채, 자신이 파묻혀 있는 줄도 모르고 소비 자본주의의 부품이 되어 살아갈 것이다. 나를 포함한 많은 사람이 이미 그렇게 체제의 잠재 부품으로 살아가고 있을 테고. 나는 이 책이 그런 세태 속에서 작은 가이드북이 되길 바라며 원고를 작성했다.

이 책을 보고 내가 전하는 이야기가 마음에 들었다면 여러분도 자신 나름의 기준으로 물건을 보고 고를 준비가 된 셈이다. 여기 나오지 않은 물건도 얼마든지 자신의 기준으로 보고 판단할 수 있다. 나는 이 과정을 섭취-소화-활용으로 나누어 보았다.

일단 다양한 곳에 혼재된 정보를 섭취하는 과정이

필요하다. 혼재된 정보는 본사가 발표한 마케팅용 서사일 수도 있고, 의무적으로 작성해야 하는 원산지, 소재 정보 등의 각종 공식 자료일 수도 있고, 인터넷 등에서 볼 수 있는 사용자 후기일 수도 있고, 실제로 제품을 구매한 자신의 경험일 수도 있다.

자신이 섭취한 정보는 나름의 소화 과정을 거쳐 활용 가능한 소재가 된다. 다양한 곳에서 가져온 정보를 정리하다 보면 나름의 기준이 생긴다. 그렇게 기준을 만들어 정리하다 보면 나중에 충분히 활용 가능한 실용적인 정보가 된다. 품목별로 이런 노력을 몇 번 하다 보면 물건을 바라보는 시각 자체가 달라질 수도 있다. 이는 물건의 가치에 대해 말하는 각종 기사 또는 광고성 기사를 만드는 걸 직업으로 하며 얻은 나 자신의 경험이기도 하다.

이런 식의 삶도 익숙해지면 상당히 재미있다. 사람에 따라 편차가 있겠지만 실용품 사이에서 이것저것 찾아내어 기준을 생각해 보는 일은 일단 실용적인 일이다. 예를 들어 2023년 한국 소비재 경향 중 하나는 다양한 신규 중소기업의 등장이다. SNS 등으로 인해 개인 단위로도 기업 수준의 홍보와 마케팅 활동이 가능하다. 일선 공장과 개별 발주자들의 의사소통 채널도 늘어났다.

만들어진 물건을 오픈마켓이나 자체 채널을 구축해 판매하는 방법도 간소화되었다. 그 결과가 하루가 다르게 등장하는 신규 브랜드들인데, 그중에서 옥석은 무엇일까? 무엇보다 옥과 돌을 가르는 기준은 무엇이 되어야 할까?

이런 걸 들여다보는 건 차가운 캔맥주를 준비해 두고 새로 나올 드라마를 기다리는 일보다는 조금 더 능동적인 일이다. 보통 자신의 능동성이 높아지는 게임이 더 재미있다. 드라마와 함께 즐길 맥주 역시 무한 브랜딩 시대인 오늘날의 산물이다. 요즘 편의점이나 슈퍼에서 '맥주 종류가 왜 이렇게 많은 거지'라고 느낀 사람이 나뿐인가? 그렇다면 그 많은 맥주가 무엇이 다른지, 다 같은 회사에서 나오는지, 이런 걸 알아보는 것도 재미있지 않을까? 나는 그런 걸 궁금해하고 재미있어하는 성격이다. 이 책의 거의 끝부분인 이 원고까지 읽고 있는 분이 계신다면 당신도 그런 성격이면 좋겠다.

뭔가 알고 싶어져서 알아보기 시작하면 자세히 알수록 재미있다. 나도 이 원고에 등장한 물건들의 조건을 찾으면서 재미있는 이야기를 많이 들었다. 후디에 관해 말씀해 주신 바버샵 황재환 대표님과 JKND 박인욱 대표님, 펜에 관해 말씀해 주신 한국파이롯트 김진표 대표님, 야구모자에 관해 말씀해 주신 새터데이 레저 클럽 엄효열 대표님, 청바지와 데님에 관해 말씀해 주신 더프레이즈 최태순 실장님, 안경에 관해 말씀해 주신 LA의 고유진 님, 손톱깎이에 관해 말씀해 주신 로얄금속공업의 김정민 글로벌비즈니스팀장님을 비롯해 도움 주신 모든 분께 감사드린다. 이분들의 말씀이야말로 양질의 정보를 위한 순도 높은 원료였다.

남다른 시도를 가능케 한 유유출판사에도 감사드린다. 유유는 내가 책이 한 권도 나오지 않았을 때도 한 번은 함께 작업해 보고 싶었던 출판사였다. 함께 작업해 보니 명불허전, 역시 잘하고 잘되는 곳은 무엇이 다른지 느낄 수 있었다. 함께해 영광이었다. 물건 고르기라는 기획을 책으로 만들어 보자고 제안 주신 조성웅 대표께 감사드린다. 이번 책은 개인적인 사정이 겹쳐 원고가 늦어지는 바람에 출판사에 폐를 끼쳤다. 이해해 주고 노력해 준 모든 관계자께 감사드린다.

나는 기록 목적으로 책 말미에 내가 작업했던 주 지역 및 작업에 쓴 하드웨어와 소프트웨어 디바이스를 적어 두고 있다. 이번 책의 원고 전체는 중고로 구입한 레노버 씽크패드 X250으로 작업했다. 아직 사용에는 문제가 없는데 너무 낡아서 이 책이 이 컴퓨터로 작업하는 마지막 책이 될 것 같다. 이 책의 모든 원고는 서울에서 작성했다. 개인 사정이 조금 겹쳐서 서대문구와 마포구를 오가며 작업했다.

소프트웨어는 두 가지를 썼다. 기본 원고는 마이크로소프트 엑셀로 작업했다. 엑셀을 통해 문단별 글자 수를 보고 문단 사이의 구조를 잡았다. 엑셀에 작성한 로데이터를 마이크로소프트 워드로 옮겨서 다듬어 출고했다. 첫 책을 낸 이후 계속 이 과정으로 진행하고 있다. 구글 독스 등 클라우드 기반 소프트웨어로 원고를 작성하길 바라는 곳도 있는데 아직 구글 스프레드시트는 원고 작성의 편의성 측면에서 마이크로소프트 엑셀보다 못하다. 애초부터 원고를 쓰라고 만든 프로그램이 아니라서 큰 불만은 없다.

이 책의 한 꼭지로 적고 싶었는데 책에 실리지 못한 원고가 있다. '휴가에 읽기 좋은 두꺼운 책 고르는 법'이다. 얇은 책 안에 두꺼운 책 고르는 법 이야기를 싣는 게 재미있기도 했고, 개인적으로 가장 호사스럽고 멋진 휴가는 휴가지에 무겁고 두껍고 긴 책을 가져가서 읽는 거라고 생각하기도 했다. 담당 에디터가 와닿지 않는다는 이유로 허락해 주지 않아 실리지 않았고, 내 손을 떠난 원고는 에디터의 소관이니 그의 판단에 100퍼센트

동의한다. 다만 나중에 언젠가 좋은 때가 또 온다면 휴가에 읽기 좋은 두꺼운 책들에 관한 책을 써 보고 싶다. 책에 관한 책이야말로 스타 작가만 쓸 수 있는 기획이니 그날이 올 가능성은 아직 요원하나 노력은 멈추지 않겠다.

좋은 물건 고르는 법
: 현명한 소비생활을 위하여

2023년 12월 24일 초판 1쇄 발행

지은이
박찬용

펴낸이
조성웅

펴낸곳
도서출판 유유

등록
제406-2010-000032호(2010년 4월 2일)

주소
경기도 파주시 돌곶이길 180-38, 2층 (우편번호 10881)

전화
031-946-6869

팩스
0303-3444-4645

홈페이지
uupress.co.kr

전자우편
uupress@gmail.com

페이스북
facebook.com/uupress

트위터
twitter.com/uu_press

인스타그램
instagram.com/uupress

편집
김은경

디자인
이기준

조판
정은정

마케팅
전민영

제작
제이오

인쇄
(주)민언프린텍

제책
다온바인텍

물류
책과일터

ISBN 979-11-6770-078-0 03590
979-11-85152-36-3 (세트)